U0268017

《装饰装修工程培训系列读本》

编委会

本书编写人员

主　编

刘　锋　上海可为工程监理有限公司董事长，上海绿色装饰工程职业技术培训学校董事长，高级室内监理师，高级讲师

朱世海　上海工艺美术职业学院总务处长、基建处长，高级工程师

编写人员（按姓氏笔划排列）

王玉根　王高潮　朱世海　刘　锋　刘元喆　刘娜娥

许祥华　李康球　张济芳　詹思奇　谭英杰

装饰装修工程
培训系列读本

Decorate

装饰装修
材料及工程预算

刘锋　朱世海　主编

化学工业出版社
·北京·

本书论述了室内装饰装修材料及工程预算的基本知识，特别介绍了环保材料、智能材料等目前市场上最新的装饰装修材料。工程预算部分详细介绍了装饰装修工程计价的基本知识、工程量清单计价、定额计价、工程量计算、计价实例、结算与决算等内容。本书图文并茂、重点突出，并注重理论与实际相结合，希望能为广大读者提供帮助。

本书可作为装饰装修工程设计人员的培训教材、高职高专相关专业教材，也可供装饰装修工程业余爱好者参考使用。

图书在版编目(CIP)数据

装饰装修材料及工程预算/刘锋，朱世海主编．—北京：化学工业出版社，2009.5（2022.10重印）
（装饰装修工程培训系列读本）
ISBN 978-7-122-05032-8

Ⅰ．装… Ⅱ．①刘…②朱… Ⅲ．①室内装饰-装饰材料-预算定额②室内装修-装修材料-预算定额 Ⅳ．TU56

中国版本图书馆CIP数据核字（2009）第035384号

责任编辑：陈　蕾　　装帧设计：尹琳琳
责任校对：吴　静

出版发行：化学工业出版社（北京市东城区青年湖南街13号　邮政编码100011）
印　　装：北京七彩京通数码快印有限公司
720mm×1000mm　1/16　印张11½　字数147千字　2022年10月北京第1版第14次印刷

购书咨询：010-64518888　　售后服务：010-64518899
网　　址：http：//www.cip.com.cn
凡购买本书，如有缺损质量问题，本社销售中心负责调换。

定　　价：38.00元

出版者的话

近年来，随着我国社会主义经济建设的飞速发展和人民生活水平的不断提高，建筑装饰装修产值每年以20%的速度增长。目前，全国室内装饰设计、施工企业约有20多万家，职工约500万人，年装饰工程量6000亿元，已成为新的消费热点和新的经济增长点。但在这样一个产业发展规模之下，参与住宅装饰装修产业施工的，既有专业的家装施工公司，也有很多只有工商营业执照，却无任何从业资格证明的企业，甚至既无从业资格证明，又无营业执照的“游击队”充斥着市场，并占据了一定的市场份额，致使损害消费者权益的事情时有发生。另一个阻滞装饰装修行业发展的原因是从业人员素质偏低、企业内部技术人员数量不足，各工种的技术工人持证上岗不规范，企业内部管理机制不合理、不完善，人员管理、质量管理较差，工程的艺术效果与使用功能及质量没有保证。甚至一些施工队伍缺乏基本的房屋结构安全、设备管线等知识，随意拆墙打洞、改动管线，给整栋住宅带来抗震、消防等安全隐患，影响建筑物的使用寿命。

为此，需要建立健全人才培训机制，坚持以人才能力建设为核心，以人才制度改革创新为动力，紧紧抓住人才培养、吸引和用好三个环节，强化培训，全面提高家装行业员工素质。使企业竞争归根结底是“人才竞争”的理念深深扎根在每一个企业、每一个员工的心中。重点抓好企业管理人员、专业技术人员和一线操作人员的人才素质建设，形成一支结构合理、素质较高的人才队伍，实行持证上岗，才能适应企业的发展，推动行业进程。

因此，我们组织中国室内装饰协会的权威专家编写了本套《装饰装修工程培训系列读本》，以期为规范行业现状、促进行业发展做出了一定贡献。

化学工业出版社

2008年8月

前言

随着室内装饰装修行业的蓬勃发展，人们对室内装饰工程的质量要求越来越严格，政府对其的监管力度也越来越大。为规范和提高装饰装修从业人员的素质与技能、促进装饰工程质量的管理与监督，中国室内装饰协会组织有关专家编写了《装饰装修工程培训系列读本》丛书，全面论述有关装饰装修工程的识图与房构、施工技术、材料与预算、设计要点、施工组织与管理等。本书《装饰装修材料及工程预算》是其中的一个分册。本书以培训读本形式编撰，讲究图文并茂、形式简明、内容由浅入深、取材实用，便于教学和自学领悟，每章都有复习思考题，可操作性强。

本书论述了室内装饰装修材料及工程预算的基本知识，因为单独介绍装饰装修材料或建筑装饰材料的书籍多得不计其数，本书中仅仅把装饰装修中的一些新材料介绍给读者，常用的材料在此就不再赘述。装饰工程预算目前各省市都有本地区的预算定额，国家原建设部也颁布过一些规章制度。本书是以上海市颁布现行有关规定和定额为主，结合实际工作中的操作，介绍工程预算的基本知识与操作技能，有些实例和计算机操作软件的介绍，仅供读者参考。本书不仅是室内装饰装修施工工人和技术人员的培训教材，也可作为室内装潢设计人员的培训教材和高职高专相关专业的教材，亦可供装饰装修工程业余爱好者参考使用。

本书由刘锋、朱世海主编，朱世海为主要撰稿人，其中，第一章由刘元喆编写。参与编写或提供资料的还有谭英杰、李康球、王玉根、张济芳、刘娜娥、许祥华、王高潮、詹思奇，在此深表谢意！

由于本书专业性较强、知识面较广，且成书时间仓促，书中不足之处在所难免，敬请广大师生及读者批评指正。

编者

2009 年 3 月

目录

第一章　装饰材料

人们一提到装饰装修材料，就会立即想到黄沙、水泥、黏土砖、木材、人造板材、钢材、瓷砖、合金材料、天然石材、各种人造材料等，介绍这些材料的性能、规格、用途的书籍比比皆是、随手可及，本书不想再罗列赘述，只想换一个角度给读者推荐一些新的装饰装修材料，供读者在今后的工作中参考。

第一节　装饰材料的分类

在当今高科技突飞猛进的时代，我们室内装饰行业中所使用的材料也是日新月异、不断更新，所谓的新材料，可能昨天是新材料，今天就是常用材料，明天就可能成为过时材料，被更新的材料所代替。

一、室内装饰铺地材料

铺地材料由过去的瓷砖、石材、地毯到趋向使用柚木、榉木等实木地板，及现在大量使用的实木多层复合地板、欧式强化复合地板等环保型无毒、无污染的天然绿色材料。目前最新的负离子复合地板，不仅具有透气性好、冬暖夏凉、脚感舒适的特点，而且木纹图案美观、绚丽多彩、风格自然，并有使空气新鲜、除臭除害的功能。铺设在房间里显得更高雅大方、更协调、更完美。

二、新居厨房设备

对一日三餐的洗、切、烧传统式厨房进行创新改革，采用彩色面板、仿真石板、防火板，将厨具中的操作台、立柜、吊柜、角柜等组合起来，由橱具厂家专业生产，排列成“一”、“L”、“U”、“品”等型，做成一整套设计完善的欧式厨房设备，实现烹饪操作电气化、使用功能安全化和清洗、消毒、储藏机械化，大大地减轻了炊事劳动。食渣处理器的应用，使厨房设备与现代化居室装饰日趋完美，是人们对于厨房“革命”的新追求。

三、卫生洁具

其功能已从卫生发展为清洁、健身、理疗及休闲享受型。卫浴设备由单一白色，发展到乳白、黑、红、蓝等多种色彩；浴缸材料有铸铁、钢板到压克力、ABS材料、玻璃、人造大理石等；五金配件有单手柄冷（热）水龙头、恒温龙头、单柄多控龙头、防雾化妆镜、红外取暖器、智能浴巾架。此外，还采用高新电子技术，如太阳能热水器、红外定时冲洗便器、电动碎化马桶、电脑坐便器、压力式坐便器和喷水喷气按摩浴缸、电脑蒸汽淋浴房、光波浴房、气泡振动发生器等保健型卫浴设备，具有消除疲劳、健身舒适的享受功能。

四、涂料

在室内，各种涂料是装潢中不可缺少的装饰材料，现在所用乳胶漆、聚氨酯彩色油漆、睡醒木漆等要求可擦洗、透气性好、无毒、无味、防霉、覆盖率强、有持久亮丽的装饰性、光泽优雅、立体感强、耐油污、耐老化。厨房大量使用光冷瓷漆涂料，这种涂料常温固化、干燥速度快、光亮如镜、黏附力强、耐酸耐碱，且价格便宜。还有仿真石漆和地坪保护与装饰的地坪漆等。负离子乳胶漆、发热发光涂料、除害灭蚊涂料、卫生香味与防火、防潮多功能涂料的问世，给我们居室装潢的彻底革命带来新天地，并在居室装饰中被广泛使用。

五、装饰五金

装饰五金制品更是标新立异、层出不穷。居室的门窗装饰装潢，材料有铜、不锈钢、双金属复合材、铝木、铝合金、锌合金、水晶玻璃、大理石、ABS塑料；塑表面涂饰有仿金、银色、古铜色、氟碳树脂等各种色彩，可经镶、拼、嵌组合拼装配套；门窗有艺术雕刻金属门、红外感应自动门、无框门窗、中空玻璃窗、多用途防盗门窗、塑钢门窗等；与门窗建筑物配套的闭门器、地弹簧、暗铰链、防火拉手、艺术雕刻花纹拉手、各类图案的环、古典执手锁、电子锁、铝木门窗、浮雕彩绘拼嵌玻璃、红外遥控监视器等，使门窗装饰造型更美丽别致、更安全、更具有时代风貌。

六、灯饰

灯饰用品一改过去的台灯、壁灯、落地灯、吸顶灯、庭院灯、水晶珠灯单一性，发展到导轨灯、射灯、筒型灯、宫廷灯、荧光灯及新开发的电子感应的无接触红外控制灯、音频传感灯、触摸灯、智能化遥控调光灯、光导纤维壁纸灯等。配有艺术设计的灯具与室内环境设计及家具整体性的搭配，使居室装饰不但能体现大方简洁、格调高雅、富有情趣，而且追求个性特色，讲究造型整体效果。

七、陶瓷饰面材料

目前国内生产的陶瓷装饰制品，造型和外观质量都不亚于进口产品，今后装饰陶瓷将向大规格、仿古、防滑、高硬耐磨、低吸水率、高光泽、镜面艺术图案砖方面发展，如立体瓷质花岗石、大理石（人造石材）就是优于天然大理石的一例。

八、墙纸

墙纸制品再度辉煌，丝光墙纸、塑料墙纸、金属墙纸、防火阻燃墙纸、多功能墙纸、杀虫灭蚊墙纸、光导纤维发光墙纸、浮雕墙纸、仿砖墙和仿大理石等各种墙纸琳琅满目，花色品种繁多，图案清新雅致、明快。采用天然色素色彩，无毒、防菌、无污染、易粘贴等品种不断涌现。

九、玻璃制品

平板浮法玻璃通过深加工，可制成镀银镜、防雾镜、镀膜玻璃、彩绘玻璃、防弹防盗玻璃、镶嵌彩色玻璃、中空双层节能玻璃、耐热玻璃及导电液晶玻璃等，使居室保温、节能、耐热。制品饰面颜色丰富，采用特殊工艺表面处理，耐擦洗、不褪色、观感舒适，适合中高档消费者的需求，对我国住宅装饰门窗向多元化、多层次的产品结构体系发展，具有极好的促进作用。

第二节　绿色环保材料

随着科技发展和人民生活条件的改善，越来越多的人们开始关心住房环境质量，居室装饰整修中产生的空气污染渐渐成为街头巷尾最热门的话题之一，纷纷强调用绿色建材进行居室装饰，要求对人体、环境没有毒害、没有污染，要求使用环保型和健康型的装饰材料。

一、环保型室内装饰材料的应用

环保型装饰材料又称无害装饰材料，是指对环境和人体健康都不产生危害的石材、木材、竹材、藤材和棉、麻、草、丝等天然织物，不含有害的化学物质，适合回归大自然的趋势，既高雅又朴实并具有浓厚艺术质感。此外，环保装饰材料还包括一些新开发的合成材料，如墙纸、涂料、地毯、复合地板、人造石材、双金属复合材、金属与非金属材等。

时代在发展，人们对于自身的健康要求越来越高，采用绿色建材“防霉墙纸”可预防微生物或寄生虫，排除墙纸在空气潮湿或室内外温差较大而出现发霉、气泡、滋生霉菌等现象，这种墙纸表面柔软、适应性好，给人们带来健康舒适的生活环境。

负离子乳胶漆是近几年引进开发的涂料新伙伴，除施工十分简便外，更有各种绚丽颜色，给居室环境带来阵阵清香味，日后还可以用清洁剂进行清理，同时可抑制墙体内的霉菌散发，并有代替墙纸的趋势。

环保型地毯，具有防腐蚀、防虫蛀、抗静电、阻燃等特点，长期使用不会出现褪色、翘曲、变形等问题。在款式上出现了“方块艺术地毯”，突破了传统产品满铺的限制，它可以根据地毯块面图案花纹，随意拼铺而成一副图案。由于这种地毯的底胶选用聚氯乙烯、橡胶和化学纤维组合而成，底部坚硬，使之发挥了高度平稳作用。

在木质地板材料方面出现了复合（实木、强化）木地板，根据国家标准局 2002 年 1 月颁布 10 个质量限制性国家标准，其中甲醛含量必须≤9mg/100g。复合木地板具有防蛀、防霉、耐冲击、防腐蚀、阻燃和不收缩、不开裂、不变形等特点，广泛适用于宾馆、饭店、运动场所、公寓、别墅和家庭家居。

人造石材（美吉石、仿真石、人造大理石）是近年发展起来的，用高分子材料聚合而成的无污染产品，在沿海湿热气候不受潮，不会发生霉变，使用在厨房、卫生间、浴室台面、板面等处不渗漏、不变形，同时在浸泡时也不会腐烂，具有结构致密、耐磨性强、平滑光亮、色泽丰富、半透明、纹理天然、抗油污、抗酸、抗碱等特点，不会产生污染的负效应。

二、绿色装饰材料的推广

绿色装饰材料即保健型装饰材料，除具有装饰功能外，还具有保健功能的装饰材料，如有一种常温远红外陶瓷，它可以吸收外部环境热量的红外线，能有效地促进人体血液循环，帮助人体消除疲劳。又如负离子复合地板与涂料能产生负离子，使空气新鲜，除去有害物质，增加氧气，对人体健康有益。现在大力宣传推广使用绿色装饰材料。

总之绿色装饰材料产品更重要的是其具有“环保性”、“健康性”的可靠保证，对室内装饰装潢用的绿色环保标准，应作为衡量装饰材料产品是否合格的量度，必须严格执行国家标准化管理局 2002 年 1 月颁布的 10 个质量限制标准，以便达到科学地、合理地、有效地控制室内空气污染，提高空气质量，保障人体健康，为美好的生活创造有利的物质条件。

第三节　室内装饰材料的环境要求

一、装饰材料主要有害物质的分类

在现代社会，健康越来越受到人们的关注，绿色和环保作为健康不可忽视的指标，深入到了与人们日常生活密切相关的居室和建筑装饰材料中，保障现代人对健康生活的需求，这是绝对不可忽视的问题。

一个人一生中大约有80%左右的时间在室内度过，这就意味着人每天呼吸到的空气大多数来自室内。根据美国环保总署的调查，室内空气污染常常是室外空气污染的2～5倍，在一些情况下甚至有可能高至100倍。室内空气污染原因很多，有生物污染，如各种腐败滋生的霉菌、宠物身上的寄生虫和病菌，有吸烟产生的烟尘污染等，但除这些之外还有更重要的原因，那就是现今人们在装饰装潢中，常规使用的装饰材料中含有甲醛、苯、TVOC、氡、氨等，如含有害化学品的人造板（刨花板、胶合板、纤维板、细木工板）、木制家具、涂料、化纤地毯、壁纸、胶黏剂、石材等装饰材料。根据对人体危害性质的不同，可以把这些有害物质分为4类：刺激性物质、过敏性物质、致癌物质和生殖毒性物质。当然以上的分类并不是十分严格，因为大多数有害物质的危害作用并不是单一的，而是复合性的。比如许多有害物质气味都不太好闻，具有刺激性，使人体产生过敏反应，或者具有致癌作用。在建筑材料和装饰材料中产生的挥发性有机混合物多达数百种，这已成为我国住宅建筑中突出的化学污染问题。由装饰装修而诱发的疾病案例已有大量报道，因此对此事应特别重视。以下重点介绍甲醛、苯、TVOC等物质对人体健康的影响。

二、有害物质对人体健康的影响

1. 甲醛

甲醛是一种无色挥发性较高的有机树脂化合物，用于合成黏合剂，如脲醛树脂、酚醛树脂等。使用这些黏合剂装饰装修的材料有人造板、胶合板、刨花板、中（高）密度纤维板、细木工板、实木复合地板、强化复合地板、浸渍胶黏纸饰面人造板及其制品等，此外在衣橱、木家具、墙壁、地面装饰、铺设的壁纸、化纤地毯、塑料卷毯地板、地板漆用脲醛泡沫树脂为隔热材料的预制板等，也会释放出甲醛等有害气体。该气体对人体健康的影响主要表现在嗅觉异常、刺激性过敏、肺功能异常、免疫功能异常等方面。当室内空气中甲醛含量高于0.5mg/m^3，可刺激眼睛引起流泪；0.6mg/m^3引起咽喉不适或疼痛；浓度再高可引起恶心、呕吐、咳嗽、胸闷。低浓度甲醛气味接触，可出现头痛、乏力、头晕、两侧不对称感觉障碍和排汗过剩以及视力障碍，并且能抑制汗腺分泌，导致对呼吸道黏膜、眼睛和皮肤产生强烈刺激性，对神经系统造成损害等。

该气体主要来源于人造木板、木制品家具、胶黏剂、涂料、壁纸、贴墙布、油漆、107胶水。

2. 苯、甲苯、二甲苯

它们均属于芳香蕨类，均为无色具有特殊芳香气味的透明有机溶液，是有毒性的刺激性溶剂，人们一时不易警觉其毒性，对眼睛、皮肤和上呼吸道有刺激作用，长期吸入能导致再生障碍性贫血。苯对女性的危害较男性敏感，它会影响生殖系统，容易导致胎儿先天性的缺陷。

苯、甲苯、二甲苯主要来源于各种建筑装饰材料中油漆添加剂、稀释剂和一些防水材料的添加剂中。在日常生活中苯也存在于家具中的黏合剂、空气消毒剂、杀虫剂、洗涤剂的溶剂中。因此，在新装修的居室中，可测出高含量的苯、甲苯、二甲苯，经皮肤接触和吸收后容易引起中毒，会造成人体嗜睡、头痛、呕吐等症状，可以抑制人体造血功能。

3. 挥发性有机化合物（TVOC）：烷、芳烃、卤、酯、醛等

TVOC在常温下挥发成气体，被列为室内空气质量的重要污染指标，对人体健康危害很大，刺激眼睛和呼吸道，伤害人的肝、肾、大脑神经系统，会引起急躁不安、不舒服、头痛等症状。

该气体主要来源于有机溶剂中挥发出的气体。在建筑材料、室内装饰材料和生活办公用品中的有机溶剂，如油漆、黏合剂、含水涂料，泡沫隔热材料、塑料板材等；纤维材料，如地毯、挂毯和化纤窗帘等；办公用品如油墨等。

4. 氡

氡是具有放射性的稀有元素，长期接受辐射将会破坏人体正常的造血功能、神经系统、生殖系统和呼吸道肺部组织，引起各种怪病。

氡主要来源于花岗石、混凝土、石膏板等现代居室的建筑材料和装饰材料中含有的放射性元素铀衰变释放。

5. 氨

氨气污染在北方比较明显，其来源于混凝土（防冻剂）的尿素成分，对人体眼睛、鼻、喉、呼吸道有很大刺激。

三、装饰材料有害物质限量标准

室内装饰装修的天花板、吊顶、墙面、地面这个室内六面体，使用的装饰材料（用品）大部分是化工产品，这些化工产品花色品种繁多、使用面广、选择性强，能替代天然物质，价格也容易被广大消费者接受。但一些经济富裕户在装修时候偏爱选用天然石材，因为天然石材不仅“绿色”、“环保”，而且具有人造材料所不具备的特有质感，如大理石高贵典雅、花岗石粗犷淳朴等，因此天然石材在这几年的“装饰装潢热”中再次升温。但是，人们对天然装饰石材可能产生放射性污染也表示了严重不安和疑虑。实际上，在各类岩石和土壤中以及一切河湖海的水中和大气中，都有不同数量的放射性元素存在，所以可以确切地说：在人类生存的环境中始终存在着天然的放射性的物质，也存在着放射性辐射，只不过自然界存在的放射性辐射的强度较低，不足以对人体健康构成威胁。为了防止放射性对人体健康的影响，国家建材主管部门对石材的放射性核素制定了标准 GB 6566—2001《建筑材料放射性核素限量》。

为了防止少数放射性高的天然装饰石材对人体健康的危害，促进室内装潢和装饰石材工业的健康发展，我国科学家经过对国内数十个有代表性的石材进行系统采样、测试，并与国内外相关产品标准对比后，按照国际原子能委员会第39号出版物中“对公众接受天然辐射照射的限制原则”，制定了天然石材产品中放射性镭226、钍232、钾40比活度的分类控制值和产品检测要求，并根据放射性水平将天然石材产品划分为A、B、C三类产品，对三类产品适用范围也作了明确规定，见表1-1。

表1-1 天然石材产品放射防护分类控制标准

等级	镭当量浓度 C_eRa /(Bq/kg)	镭的放射性比活度 CRa /(Bq/kg)	用途
A	≤350	≤200	使用范围不受任何限制
B	≤700	≤250	除居室内饰面外的建筑物的内外饰面
C	≤1000	不加考虑	可用于一切建筑物的外饰面和工业设施

虽然天然装饰石材中绝大部分产品放射性辐射强度都较低，属于A类产品，对人体没有危害，但还有人会担心不慎误将B类产品装修在居室内怎么办。其实也不必惊恐不安，行之有效的办法是注意室内经常通风，保持室内空气新鲜，问题就迎刃而解了。原因是易对人体造成内照射危害的放射性氡气其半衰期仅为3.83d，只要空气流通，氡的浓度就会降低，通风0.5h以上氡的浓度就几乎等于或接近于室外氡浓度水平。另外，居室中氡气的来源主要有空气流动、大地释放、墙体材料等，石材释放氡气所占的比例仅为2%左右，可以说是微不足道的，即使在居室中已经装饰了B类的产品，氡浓度也不一定会增高多少，因为标准测试时用的是4m×4m×0.5m的样品，而居室装潢用的石材厚度仅为1～2cm，放射性将大打折扣。经常保持室内通风良好，无论是天然装饰石材形成的放射污染，还是其他各种来源的污染，都可以有效地清除，确保居住环境的舒适安全，使其污染危害减小到人体可以承受的程度。故A级和B级材料均可在室内装饰装修中放心使用，C级材料一般用于室外的装修和工程施工。

国家质量监督检验检疫总局和国家标准化管理委员会2002年1月颁布的室内装饰材料有害物限量的10个国家标准，是对今后装饰材料的质量好坏、合格与否的检测标准，现将标准摘录如下。

1. 室内装饰装修材料溶剂型木器涂料中有害物质限量

本标准适用于室内装饰装修用溶剂型木器涂料，其他树脂类型和其他用途的室内装饰装修用溶剂型涂料可参考表1-2。

表1-2　木器涂料中有害物质限量表（GB 18581—2001）

项目		限量值			
		硝基漆类	聚氨酯漆类		醇酸漆类
挥发性有机化合物VOC/(g/L)≤		750	光泽(60°)≥80	600	550
			光泽(60°)<80	700	
苯①/%≤		0.5			
甲苯和二甲苯总和②/%≤		45	40		10
游离甲苯二异氰酸酯TDI③/%≤		—	0.7		—
重金属(限色漆)/(mg/kg)≤	可溶性铅	90			
	可溶性镉	75			
	可溶性铬	60			
	可溶性汞	60			

①按产品规定的配比和稀释比例混合后测定。如稀释剂的使用量为某一范围时，应按照推荐的最大稀释量稀释后进行测定。

②如产品规定了稀释比例或产品由双组分或多组分组成时，应分别测定稀释剂和各组分中的含量，再按产品规定的配比计算混合后涂料中的总量。如稀释剂的使用量为某一范围时，应按照推荐的最大稀释量进行计算。

③如聚氨酯漆类规定了稀释比例或由双组分或多组分组成时，应先测定固化剂（含甲苯二异氰酸酯预聚物）中的含量，再按产品规定的配比计算混合后涂料中含量。如稀释剂的使用量为某一范围时，应按照推荐的最小稀释量进行计算。

本表不适用于水性木器涂料。

(1) 包装标志　产品包装标志除应符合GB/T 9750—1998的规定外，按本标准检验合格的产品可在包装标志上明示。对于由双组分或多组分配套组成的涂料，包装标志上应明确各组分配比。对于施工时需要稀释的涂料，包装标志上应明确稀释比例。

(2) 安全涂料及防护　主要措施包括以下内容。

① 涂料时应保证室内通风良好，并远离火源。

② 涂装方式尽量采取刷涂。

③ 涂装时施工人员应穿戴好必要的防护用品。

④ 涂装完成后继续保持室内空气流通。

⑤ 涂装后的房间在使用前应空置一段时间。

2. 室内装饰装修内墙涂料中有害物质限量

本标准规定了室内装饰装修用墙面涂料中对人体有害物质容许限值的技术要求、试验方法、检验规则、包装标志、安全涂装及防护等内容，各种有害物质限量见表1-3。

表1-3　水性内墙涂料有害物质限量（GB 18581—2001）

项　　目		限 量 值
挥发性有机化合物 VOC/(g/L)≤		200
游离甲醛/(g/kg)≤		0.1
重金属/(mg/kg)≤	可溶性铅	90
	可溶性镉	75
	可溶性铬	60
	可溶性汞	60

本标准适用于室内装饰装修用水性墙面涂料。

本标准不适用以有机物作为溶剂的内墙涂料。

（1）包装标志　产品包装标志应符合 GB/T 9750—1998 的规定，按本标准检验合格的产品可在包装标志上明示。

（2）安全涂装及防护　主要措施包括以下内容。

① 涂装时应保证室内通风良好。

② 涂装方式尽量采用刷涂。

③ 涂装时施工人员应穿戴好必要的防护用品。

④ 涂装完成后继续保持室内空气流通。

⑤ 入住前保证涂装后的房间空置一段时间。

3. 室内装饰装修材料胶黏剂中有害物质限量

本标准规定了室内建筑装饰装修用胶黏剂中有害物质限量及其试验方法，各种有害物质限值见表1-4和表1-5。

本标准适用于室内建筑装饰装修用胶黏剂。

表 1-4　溶剂型胶黏剂中有害物质限量值（GB 18581—2001）

项　　目	指　　标		
	橡胶胶黏剂	聚氨酯类胶黏剂	其他胶黏剂
游离甲醛/(g/kg)≤	0.5	—	—
苯/(g/kg)≤		5	
甲苯＋二甲苯/(g/kg)≤		20	
甲苯二异氰酸酯/(g/kg)≤	—	10	—
总挥发性有机物/(g/kg)≤		750	

注：苯不能作为溶剂使用，作为杂质其质量不得大于表中的规定。

表 1-5　水基型胶黏剂中有害物质限量值（GB 18581—2001）

项　　目	指　　标				
游离甲醛(g/kg)≤	缩甲醛类胶黏剂	聚乙酸乙烯酯胶黏剂	橡胶类胶黏剂	聚氨酯类胶黏剂	其他胶黏剂
苯/(g/kg)≤	1	1	1	—	1
甲苯＋二甲苯/(g/kg)≤		0.2			
甲苯二异氰酸酯/(g/kg)≤		10			
总挥发性有机物/(g/kg)≤		50			

注：用于室内装饰装修材料的胶黏剂产品，必须在包装上标明本标准确定的有害物质名称及其含量。

4. 室内装饰装修材料人造板及其制品中甲醛释放限量

本标准规定了室内装饰装修用人造板及其制品（包括地板、墙板等）中甲醛释放量的指标值、试验方法和检验规则，见表 1-6。

本标准适用于释放甲醛的室内装饰装修用各类人造板及其制品。

表 1-6　人造板中有害物质限量值与试验方法①（GB 18580—2001）

产品名称	试验方法	限量值	使用范围	限量标志②
中密度纤维板、高密度纤维板、刨花板、定向刨花板	穿孔萃取法	≤9mg/100g	可直接用于室内	E1
		≤30mg/100g	必须饰面处理后可允许用于室内	E2
胶合板、装饰单板贴面板、细木工板	干燥器法	≤1.5mg/L	可直接用于室内	E1
		≤5.0mg/L	必须饰面处理后可允许用于室内	E2
饰面人造板(包括浸渍纸层压木质地板、实木复合地板、竹地板、浸渍胶模纸饰面人造板等)	气候箱法	≤0.12mg/m³	可直接用于室内	E1
	干燥器法	≤1.5mg/L		

① 仲裁时采用气候箱法。

② E1 为可直接用于室内的人造板，E2 为必须饰面处理后允许用于室内的人造板。

5. 室内装饰装修材料木家具中有害物质限量

家具的人造板试验通过GB/T 17657—1999中4.12规定的24h干燥器试验测得的甲醛释放量。

家具表面色漆涂层中通过GB/T 9758—1988中规定的试验方法测得的可溶性铅、镉、铬、汞重金属的含量。有害物质限量见表1-7。

表1-7 木家具中有害物质限量（GB 18584—2001）

项目		限量值
甲醛释放量/(mg/L)		≤1.5
重金属含量(限色漆)/(mg/kg)	可溶性铅	≤90
	可溶性镉	≤75
	可溶性铬	≤60
	可溶性汞	≤60

6. 室内装饰装修材料聚氯乙烯卷材地板中有害物质限量

本标准适用于以聚氯乙烯树脂为主要原料并加入适当助剂，用涂敷、雅漾、复合工艺生产的发泡或不发泡的，有基材或无基材的聚氯乙烯卷材地板（以下简称为卷材地板），也适用于聚氯乙烯复合铺炕革、聚氯乙烯车用地板。挥发物的限量值见表1-8。卷材地板聚氯乙烯层中氯乙烯单体含量应不大于5mg/kg。卷材地板中不得使用铅盐助剂；作为杂质，卷材地板中可溶性铅含量应不大于20mg/m²。

表1-8 挥发物的限量/(g/m²)

发泡类卷材地板中挥发物的限量		非发泡类卷材地板中挥发物的限量	
玻璃纤维基材≤75	其他基材≤35	玻璃纤维基材≤40	其他基材≤10

7. 混凝土外加剂中释放氨的限量

本标准规定了混凝土外加剂释放氨的限量。

本标准适用于各类具有室内使用功能的建筑用能释放氨的混凝土外加剂，不适用于桥梁、公路及其室内外工程用混凝土外加剂。

要求：混凝土外加剂中释放氨的量≤0.10%（质量分数）。

8. 室内装饰装修材料壁纸中有害物质限量

本标准规定了壁纸中的重金属（或其他）元素、氯乙烯单体及甲醛3种有害物质的限量、试验方法和检验规则。表1-9所列为壁纸中的有害物质限量（GB 18585—2001）。

本标准主要适用于以纸为基材，通过胶黏剂贴于墙面或天花板上的装饰材料，不包括墙毯及其他类似的墙挂。

表1-9　壁纸中的有害物质限量/(mg/kg)

有害物质名称		限量值
重金属(或其他)元素	钡	≤1000
	镉	≤25
	铬	≤60
	铅	≤90
	砷	≤8
	汞	≤20
	硒	≤16.5
	锑	≤20
聚乙烯单体		≤1.0
甲　醛		≤120

9. 室内装饰装修材料地毯中有害物质释放限量

地毯铺贴中的有害物质释放量的限量见表1-10（GB 18587—2001）。

表1-10　地毯有害物质释放限量/[mg/（m^2·h）]

序号	有害物质测试项目	限量	
		A级	B级
1	总挥发性有机化合物(TVOC)	≤0.500	≤0.600
2	甲醛	≤0.050	≤0.050
3	苯乙烯	≤0.400	≤0.500
4	4-苯基环己烯	≤0.050	≤0.050

室内的装饰装修可能是人生头一回，也是最后一回，因此既无经验又输不起，在这种情况下，于装修施工前，应该根据《室内装

饰装修材料有害物质限量》10项标准，在选材时尽可能做到眼看、鼻闻、动嘴、动手感受一下材质的不同。只要有心，细细体会，就可以简单地识别材料的大概档次，进而选择符合环保要求的装饰材料。委托装饰公司施工时也要认真选材，应当在合同（协议）签约时注明材料的质量要求，必须符合有关产品“质量标准”才能投入施工。

四、室内空气质量标准

1. 完工后的检测

在装修工程完工后，应当委托有国家质量技术监督局授权的环境检测单位，按（GB 50325）《民用建筑室内环境污染控制规范》规定进行检测。

2. 室内空气质量要求

装修完工后或交付使用前应进行室内空气质量验收。室内环境污染物浓度的检测方法应按 GB 50325 的规定进行，检测结果应符合表 1-11 的要求。

表 1-11 室内空气质量污染浓度限量

序号	污染物	浓度限量②
1	游离甲醛/(mg/m^3)	≤0.08
2	苯/(mg/m^3)	≤0.09
3	氨/(mg/m^3)	≤0.2
4	TVOC①/(mg/m^3)	≤0.5
5	氡/(Bq/m^3)	≤200

① TVOC 为总挥发性有机化合物。

② 表中污染物浓度限量，除氡外均应以同步测定的室外空气相应值为空白值。

3. 对室内空气检测污染单位要求

（1）要看其是否通过省、市级以上计量监督部门的计量认证，即出具的检测报告有无“CMA”标志。

（2）要看其计量认证书规定的项目，是不是室内环境检测项目。

（3）要看其检测中使用的是不是国家《室内空气质量标准》中规定的检测方法和检测仪器。

（4）要看其检测人员是否有国家劳动部门和质量监督部门颁发的室内环境检测职业资格证书。

（5）要看其是否有自己专用独立室内环境试验室。

（6）对室内环境检测工作范围的要求如下。

① 根据国家有关标准，对室内环境中的空气、水质、采光、噪声等方面进行检测。

② 根据国家有关标准对室内环境进行环境质量评价。

③ 通过检测向用户提供符合国家标准的室内装饰用品和建筑材料的建议。

④ 进行与提高室内环境质量有关的指导。

如果在装饰材料中发现甲醛等有害物质限量超标又该怎么办呢?除了向装潢施工企业交涉索赔外，还应该进行针对性的治理，治理方法应该是综合性的。最快捷有效的方法是保持通风，打开所进行装修的房屋门户、窗子进行空气流通，减少空气污染。同时也可以放置一些能吸取有害物质的吊兰、仙人球等绿色植物，或者使用活性炭，可以消除空气中的有害物质，也可采用物理和化学的方法，直接将污染空气排放到室外。有条件的市民也可以请一些正规治理公司，上门进行治理室内环境污染。

第四节　新型智能材料

智能材料是继天然材料、合成高分子材料、人工设计材料之后的第四代材料。现代高技术中的新材料与结构材料之间的界线已逐渐消失，而智能材料已实现结构化、功能多样化了。因此，科学家们认为智能材料是材料科学发展中的重大革命。

一、智能材料的定义

从开始对智能材料的初步认识时，大家认为：材料对环境可感知、可响应，并有功能发现能力的新材料就为智能材料。后来，对智能材料定义有4个要求：有自我感受、自我传送、自我判断和自我修复，即自已能作出结论的功能材料。再简单的表达可以这样理解：对环境参数有敏感，对敏感信息有传输能力，更对敏感信息收到后可分析、判断，并可作出自我修复、改进的决断。

这4个功能，是在材料设计中预先将驱动元件埋入材料中来实现的。这些元件也都能自适应地改变，提高材料的结构形状、刚度位置、应力状态、固有频率、阻尼摩擦力等作用，从而实现材料的不同功能，其智能动作的流程如图1-1所示。

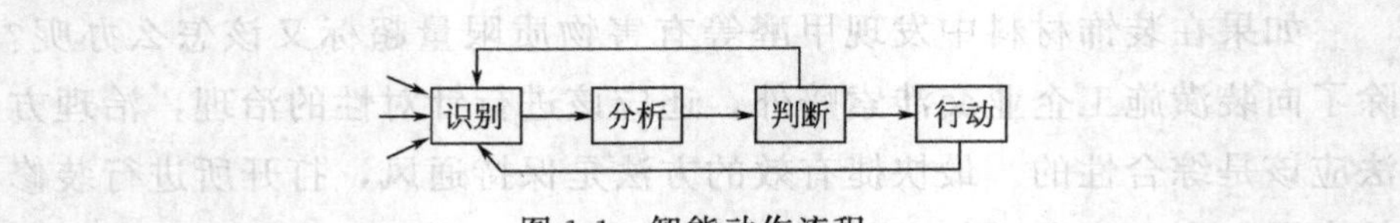

图1-1 智能动作流程

由于智能材料是一门综合性的边缘学科，不仅发展了材料科学，也带动了其他学科的发展（如化学、物理、计算机、生物、土木、航空等），更有助于开发其他高科技学科的领域。智能材料的概念是指对环境条件可感知、可响应，并且有功能发现能力的新材料。智能材料也是在原子、分子水平上进行材料控制，对不同层次上可自检测（传感功能）、自判断、自结论（处理功能）和自指令，以及可执行功能而设计出的一种新材料，目前已被各国所共识。

二、智能材料的种类

1. 仿生类智能材料

生物体是由细胞组成，而细胞是具有传感、处理、执行3种功能的融合材料，故生物体为智能材料的蓝本。生物与非生物的根本区别在于前者有自复制能力。因为生物中有酶，酶的化学反应速率极高，为普通化学反应的10^{10}倍，这种超高效率的化学反应在各种非生物材料中是没有的。这类生物类材料从单纯物质发展到复杂物质，若由单纯物质建立模型，而获得复杂的生物材料，即为智能材料。如人工合成的高分子材料，用天然蚕丝的大分子结构，合成了新型强度高的材料。国外近期从功能蛋白质出发，研究出了分子水平的超微观材料，再从超微观材料发展到了宏观的具有多种层次的智能仿生材料，该类智能仿生材料已在医学中有了多种用途。

2. 金属类智能材料

普通金属材料都具有强度大、耐热性好、耐腐蚀性能好等优点，在航空、航天和核工业中，也都用做结构材料，但金属材料也有疲劳、龟裂、蠕变变形等缺点，故人们希望新的材料能自行检测自身损伤，并有自修复能力。智能材料设计者在铝合金内混入复合硼粒子，当此类材料有破坏时就发出声波，再由声波传感出去。另一种智能材料是在金属内分散氧化锆粒子，当材料产生裂缝时，在裂缝尖端产生压缩应力，使氧化锆诱发应变，此时材料体积膨胀，抑制了材料裂缝的扩张，使材料的断裂韧性提高，起到修复作用。还有一种是利用电磁场敏感的铁氧体，在其中加入 TiNi 后形成记忆合金，若用此类材料制成纤维增强复合材料，就是智能材料，当此纤维作为拉拔材料用时，一旦热处理后，形状记忆合金产生收缩变形，而材料中的铝基材所产生的残留压缩应力，就可控制此复合材料的热膨胀，而且可使裂缝闭合，防止破坏，达到纤维的增强韧性化作用。此时材料可传感外部的磁场与温度变化，自身也可变形，达到自修复的智能功能。这类记忆合金目前品种已很多，用途也在扩大。

3. 无机非金属类智能材料

无机非金属类智能材料，表现在可局部吸收外压以防止材料整体破坏。如用氧化锆增韧陶瓷材料，当材料受应力诱发相变时，可将机械能变为化学能，使陶瓷呈现高韧性，此即是自诊断的智能材料特性。又如在电子陶瓷领域中，将初级智能材料称为被动灵巧材料，若它有响应环境的功能，又称为主动灵巧材料，可感受环境，能运用反馈体系作出有用的响应，所以它既是传感器，又是执行元件。灵巧材料和非常灵巧材料（即智能材料）的区别是：后者不仅能起传感器作用，又能起到执行元件作用，而且既能执行一种响应，更能在传感器执行过程中自动改变其性能。也就是说，这类材料能感知环境的条件在变化，并进行响应，更能随环境而自行调整，以补偿未来可能发生的变化。目前这种智能材料各国正在进一步探索，估计今后有较大的发展。

4. 高分子类智能材料

高分子类智能材料的发展较多，目前常看到的有3类。

(1) 刺激响应性高分子凝胶　此类高分子凝胶可随溶剂种类、温度、盐浓度、pH及电场变化而产生体积变化，实现化学能直接变换为机械能的功能，因此目前已将这类智能材料作为人工肌肉材料，用在糖尿病患者的血糖控制中。

(2) 智能高分子膜材　它有物质分离功能，也有物质渗透功能。可因物质的渗透速率、钙离子浓度、pH值及电场刺激而变化，目前也正在医学界大力研究中。

(3) 智能高分子复合材料　利用此类材料可开发断裂传感器，使结构材料有断裂的自诊断性。在通过破坏时，变形时的电阻信息可预测结构材料的破坏情况，再用表面形变传感器予以修复。

这类高分子类智能材料发展甚快，不久将更有突破。预计，今后在建筑中该类智能材料的用途是较多的。

三、智能材料在建筑装饰中的应用

在日本，建筑中露天庭院可自测室内温度、湿度、风力，在刮风下雨等坏天气时，门窗自动关闭，对高龄老人住宅中有安全确认机，查询其安全情况，其他智能电视机、智能热水器、智能空调、智能音乐机及智能宠物（玩具）也在推广。

中国南京大学设计新型智能涂层，可防止危害人体健康的放射性氡散发。符合 ISO 14070 的国家质量监督检验检疫总局报告称：在建筑中已有防污、保色、不开裂、不脱落、耐洗 13370 次、VOC 仅 6g/L，并有防霉、杀菌等功能的智能材料，应用于建筑、船舶中。2008 年我国奥运会体育场馆的设施中就运用了许多新的智能材料，采用的新智能材料无毒、无味、无刺激，对远红外可屏蔽。我国台湾地区新开发的智能地板有防火、防寒、防裂、耐磨等功能，耐磨比普通地板高 1～2 倍，其抗冲强度增加 54%。另外在建筑中，远程智能监控大量在推广，可遥控家电、空调开关，自控门、窗、炊具、冰箱、自动报警均为智能模式，达到效果好、方便、快捷、环保、安全，并且有一定可靠性，这种持续发展性、智能化的平台，也是我国发展方向。

1. 智能混凝土

智能混凝土是有感知及行动能力的材料，英国布法罗大学创建的智能混凝土，若铺筑于公路上，它可以分辨出每一辆车的位置、重量和速度，这种功能可以使公路管理部门改变其监控超重车辆的方式。在美国将智能混凝土用于桥梁或地道中，若一旦桥梁或道路有裂缝，或地道有腐蚀时，能自诊健康、自行医治。首先当桥梁有裂缝时，立即传感于传感器，由此确定裂缝部位置、长度后，由另一管道传送黏合剂类材料，立即将裂缝填满或修复。若管道腐蚀时，即有抗腐材料涂覆管道表面，抑制其腐蚀性扩大。这些功能是在混凝土中预先加入极少量的碳纤维而成，因碳纤维比混凝土拌和物的导电功能强得多，所以这种“智能混凝土”就变成一个传感器。而修复材料也是预先埋入混凝土中，一旦传感器有指令时，可自行喷射、涂覆，这样就保证了混凝土工程的短时、健康和安全。这类有修复功能的混凝土，有人称它为“聪明的建筑混凝土”，它同时可决定路面、桥梁的电阻变化及震动情况，再经过传感器进行电脑分析，可遥控和监视建筑物的运转情况，避免建筑物、桥梁过度负载并及时纠正，大大减少了建筑物的维修量。

美国伊利诺伊大学又用化学单体填入混凝土中，可以防震，当地震使墙体受灾有裂缝时，立即有传感器检测出并经分析后，将预埋的胶黏剂管子砍裂，使胶自溢起修补作用，防止建筑物（桥或房屋）塌落。这类自修复混凝土正在提高效能，扩大应用。

2. 智能玻璃

智能玻璃是常见的建筑材料。目前玻璃在建筑中应用越来越多，如玻璃幕墙、玻璃门、玻璃窗、玻璃屋顶等，又因为玻璃新品种的发展（各种镀膜玻璃、钢化玻璃、夹丝玻璃、中空玻璃、吸热玻璃等），智能化玻璃用途也更多。智能化玻璃除透光外，更有遮阳、受光变色、热反射等作用，其反射率可达25%～26%，比普通玻璃7%～10%大得多，这样将使室外热气反射、室内凉爽，使玻璃幕墙达到冬暖夏凉的特殊效果，因此很受欢迎。

3. 智能砖

智能砖也是近几年发展起来的智能化建材，该类砖是由4层组成：①表层是不同的色泽和款型，便于建筑设计选择与更换。②砖的第二层是传能层，可以对周围所产生的声、光、热等有吸收能力，吸收后迅速传递给传感器，发出响应的对策。如在砖墙中作墙面时，可调节室温或噪声高低，使居室主人感觉安逸。③砖的第三层是通信层，能提供和交流墙内、外的信息，以便采取必要措施，适应环境。④砖的第四层是具有输送作用的通道，可以输送水分或传递热能到其他材料。在厨房中，炊具冷了，其具有保温或变热等功能。智能砖的发展，因其功能越来越丰富，用途也在不断扩大，正从目前厨房中使用扩大到其他部位。

4. 智能涂料

智能涂料用于装饰表面时，可起变色、吸音、隔热作用。往往此类涂料用在砖面、墙纸、织物布上。当此类材料用在室内装潢后，可随气温变化而发生改变，可控制室内热能、噪声等，也能起到防止室内潮湿等作用。

近来，国外最新的智能涂料更能在墙面起到显示屏作用，其大小可调节，满足不同主人的要求，甚至可调节图谱、立体图像，其原理是用晶体控制其变易性，在装修装潢后，起一定效果作用。

5. 其他智能建筑配件

其他常见的应用于室内的智能建筑配件如下。

(1) 门 房屋建筑中门是主要设施。当主人出门时，蜂鸣器会主动发出“路上小心”、“注意安全”的语言，有客人敲门时，就发声“你好！主人就来”，若主人不在时，会讲“主人不在，请留言”的声音，门前立即呈现灰色标牌，客人用手指划写后，就自动收入门，储存起来，当主人回家开门时会自动将留言条付出。若遇到盗贼撬门时，除自动报警外，会自动喷射出一种胶黏剂，此胶根据时间不同，会自动调节色彩，国外更增入荧光粉，能闪闪发光，使盗贼易被人发现。今后，门可利用主人的指纹自动识别进行开关。

(2) 地面 除能吸音保暖外，目前更有耐磨、杀菌、自洁功能。

(3) 墙面 为变色智能墙质，板与板间有隔热层，充入情性气体氩气后可防火，墙面可作显示屏幕，有完美的多媒体音响、成像等功能。若为家庭电影屏幕，画面清晰，一般此类屏幕可用3000～4000h，更可作为家庭监视器使用（监视门外是否有人？隔墙孩子是否睡?)。目前有人把墙面设计为太阳能集热器，使阳光能从夹层传入，再传到屋顶，交换冷空气，自行循环，完全符合当前节能的要求。

(4) 厨房 智能工具更多，如碗、盆、碟能自行清洗保洁，清洗干净后再自行烘干，洗涤水自行作浇花用，节省水；食品储存用条形码，能显示储存清单；烧菜也能自行烹饪，因为每道菜编有程序；切菜采用激光切割，冷冻、冰箱均自动调节；垃圾自行粉碎后输送到室外垃圾箱，达到卫生、清洁的智能要求。

复习思考题

1. 什么是绿色环保装饰装修材料？
2. 装饰装修材料的环保要求有哪些？
3. 有害装饰装修材料的控制范围是多少？
4. 什么是装饰装修智能材料？
5. 装饰装修智能材料有哪些？

第二章　建筑装饰工程预算概述

第一节　建筑装饰工程预算的含义

一、建筑装饰工程的内容及作用

建筑装饰工程是建筑工程的重要组成部分。建筑装饰工程分为内装饰和外装饰两大部分。内装饰主要起着保护主体结构、防潮、防渗、保温、隔热和隔声的作用，以改善居住条件和生活环境，同时内装饰的效果还直接影响着人们的生活和意识，如典雅舒适的居住环境能使人心情舒畅，学习、工作、休息得更好。外装饰主要起着保护建筑物的作用，使建筑物不直接受风、雨、雪及大气的侵蚀，提高建筑物的耐久性，并能起到保温、隔热、隔声及防潮等作用，使房屋冬暖夏凉，减少噪声和潮湿等。随着生活条件的不断改善和文化水平的不断提高，人们越来越注重室内外环境气氛与造型艺术，这将使建筑装饰沿着美观、实用而又经济的方向不断发展。

外装饰包括：散水、台阶、勒脚、外墙面、柱面、雨篷、阳台、腰线（各种装饰线条）、槽口、外墙门窗、屋面及其他外墙装饰（招牌、霓虹灯、美术字等）。

内装饰包括：天棚、楼地面、墙面、墙裙、柱面、踢脚线、楼梯及栏杆、室内门窗、阴阳角线、门窗套、窗帘及窗帘盒、室内设施（给排水卫生设备、电器与照明设备、空调设备等）。

二、建筑装饰工程的特点

建筑装饰工程的特点除了项目繁多、量大、工期长、造价高以外，还具有以下特点。

1. 装饰工程的独立性和依附性

由于装饰工程具有自身特点，所以装饰业正逐步从建筑行业中分离成独立的行业，其设计、施工也相应独立出来，具体表现为当土木工程主体完工后，仍要作装饰设计与施工，即进行二次设计与施工，但两者又不可分离，装饰工程必须依附于主体工程。

2. 装饰工程的个体性和多样性

由于人们个体的需求、品位、审美观、风格、民族等的不同，以及其他许多复杂因素的影响，很难用统一的模式进行装饰工程设计与施工，许多不确定因素使装饰工程呈现出个体性和多样性。当然装饰工程有其自身的规律，如同一性依然存在。为了加快工程进度、降低成本，提倡工业化施工已成为发展方向之一。

3. 装饰工程施工的精致性

对于室内装饰工程或建筑外装饰工程，由于视距较近，所以要求装饰施工精巧而细致，这样方能给人以美感，体现设计思想和一定的文化内涵，否则不能达到装饰的目的。

4. 装饰工程的复杂性

由于装饰工程施工方法、装饰式样、装饰材料、工艺方法等各不相同，使得装饰工程呈现出复杂性。如装饰材料在性质、规格、颜色、花纹、价格、工艺做法等方面差异很大，新材料层出不穷，使得施工工艺难度大、质量要求高。但随着工业化施工的发展，新工艺的出现将使装饰工程变得简单化。主要措施有：不断提高装饰工程工业化施工水平；实现装饰与结构合一；大力发展新型装饰材料；尽可能采用干法施工；广泛应用胶黏剂和涂料，以及喷涂、滚涂和弹涂等新工艺。

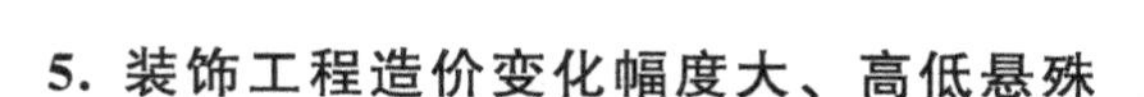

5. 装饰工程造价变化幅度大、高低悬殊

随经济条件和要求不同，装饰工程造价有显著的差别。由于装饰工程造价约占工程总造价的30%～50%，造价大幅度的变化给装饰工程预算的准确性带来极大的难度。

三、建筑装饰工程预算

设计单位根据建设单位（业主）对装饰工程提出的要求进行设计，并按国家有关编制预算的规定编制施工图预算，施工企业根据建设单位（业主）提供的施工图资料，结合施工方案、预算定额、取费标准、造价管理文件及价格信息等基础资料，计算出装饰工程的建造价格叫装饰工程预算。装饰工程预算是装饰工程产品的"计划"价格，即其价值的货币表现。国家根据价值规律，规定了一整套编制预算的办法，用货币形式表现装饰工程的价值，这就是设计单位和施工企业（承包商）编制的预算。装饰工程预算的误差大小，将直接影响到建设单位的经济支出和施工单位（承包商）的经济收入。

四、建筑装饰工程预算的分类

建筑装饰工程预算的分类通常有两种方法，即按装饰部位划分和按装饰工程的进展阶段划分。现在最常用的是按装饰工程的进展阶段划分装饰工程预算的方法。

（一）按装饰部位划分

1. 室外装饰工程预算

室外装饰工程是为了满足或增强建筑外部的视觉艺术效果及城市规划等方面的要求，对建筑物的外部各要素（如墙体、檐口、腰线、窗户、大门、勒脚等部位）作必要的装点修饰。在装饰施工之前，业主和承包商为了掌握室外装饰工程建造价格而作的具有经济分析性质的文件称室外装饰工程预算。

2. 室内装饰工程预算

室内装饰工程是为了满足或增强室内使用功能和视觉艺术效果，对建筑物的内部空间中各要素（如墙体、天棚、地面、门窗及其他设施等部位）作必要的装点修饰（施工一般和主体工程设计、施工分开完成）。在装饰施工之前，业主和承包商为了掌握室内装饰工程建造价格而作的具有经济分析性质的文件称为室内装饰工程预算。

在本书的篇章中，我们将重点讲述室内装饰工程预算的编制。

（二）按装饰工程的进展阶段划分

1. 装饰工程概算

在装饰工程初步设计阶段，以初步设计阶段的设计图及概算定额或概算指标及其应配套造价文件及规定作为主要计算依据，对拟建装饰工程建设所需费用的投资额进行的概算、估算或报价，称装饰工程概算。

2. 装饰工程预算（或叫施工图预算）

装饰工程初步设计完成后，就进入装饰施工图设计阶段。在装饰施工图阶段，以装饰施工图及预算定额作为主要计算依据，对拟建工程的建造价格所进行的较准确的预算或报价，称装饰工程预算。装饰工程施工图，通俗地讲即是在装饰工程未施工前，在图纸上所拟定的装饰造型式样、装饰材料、工艺做法、要求等，它是施工必须严格执行的图样。这种图样可通俗地理解为设计人员根据建设单位（业主）所确定的装饰标准、要求以及设计规范、设计人员的创意，将头脑中所构思的建筑装饰造型式样、做法、色彩及要求等内容表示在图纸上。

3. 工程预算分类

施工图预算、施工预算和竣工决算，通常称“三算”。三者的概念是不同的，不可混淆，现分述如下。

（1）施工图预算　施工图预算是按照施工图及国家或各省、市、地区颁发的预算定额、费用定额，经过计算得出的建造该装饰工程施工所需的全部费用的经济性文件。施工图预算必须要能准确反映工程造价，因为施工图预算的准确性直接关系到国家、企业和个人三者的切身利益，既不能高估冒算，也不能低估少算。施工图预算主要用于对外进行招投标时所进行的关于工程造价的计算。

（2）施工预算　施工预算是施工企业内部以施工图为计算对象，对其人工费、材料费和机型台班消耗量及费用进行计算的经济性文件。它是工程承包、限额领料及成本核算的依据。施工预算直接受施工图预算的控制。施工图预算与施工预算的区别见表 2-1。

表 2-1　施工图预算与施工预算的区别

名　称	预算包含的内容	计算方法	应用范围
施工图预算	直接费、间接费、税金、利润	按施工图及定额规则	对外招标
施工预算	直接费、间接费	按施工图	企业内部

（3）竣工结算　在工程施工过程中，设计的变更、材料代用、洽商签证等因素的变化会影响工程价款的增减，考虑到这部分变化，施工企业对所承包的工程按照合同规定建成交付甲方后，向建设单位（业主）最后进行工程价款的计算称竣工结算。

（4）竣工决算　装饰工程的竣工决算是以竣工结算为基础进行编制的，它是对从筹建装饰工程开始到工程全部竣工后的费用支出的计算，叫竣工决算。竣工结算与竣工决算的区别见表 2-2。

表 2-2　竣工结算与竣工决算的区别

名　称	编制单位	编制范围	作用
竣工结算	施工单位	单位装饰工程	编制工程结算、决算的依据
竣工决算	建设单位	全部装饰工程项目	业主考核投资效果的依据

第二节　建筑装饰工程预算的作用

建筑装饰工程的施工相当于向社会提供装饰工程产品，施工企业是以销售产品（卖方）的一方出现的，而建设单位（业主）是以买方的身份出现，两者的经济关系是以合同的形式确立的。

一、设计概算的作用

（1）设计概算是编制装饰工程计划、控制装饰工程投资额的文件。设计概算的编制是以装饰工程的初步设计图纸及其相应的概算定额、指标为依据的，它所确定的造价是用来控制投资的最高限额。

（2）设计概算是进行装饰工程设计方案比较，选择经济合理方案的依据。因为装饰工程设计往往有很多方案可供选择，但具体用哪一个方案，还需要经过多方面的比较，其中经济比较是非常重要的一个方面，综合各个方案概算投资及其他方面的比较，才可选择出既经济又合理的装饰工程方案。

（3）设计概算是筹集资金，进行拨款、贷款的依据，也是监理工程师控制装饰工程投资的根据。

二、施工图预算的作用

施工图预算是技术准备工作的主要组成部分之一，它是按照施工图确定的工程内容和工程量、施工方案所拟定的施工方法、合同条款规定选用造价文件及取费方法（包括装饰工程预算定额及取费标准、造价信息等）由设计单位编制的确定装饰工程造价的基础文件。施工图预算价值为预算成本，其作用如下。

（1）确定工程造价，作为编制固定资产计划的依据。

（2）在初步设计概算控制下，进一步考核设计标准和设计经济合理性的依据。

（3）签订建筑合同，实行建设单位投资包干和办理工程结算的依据。

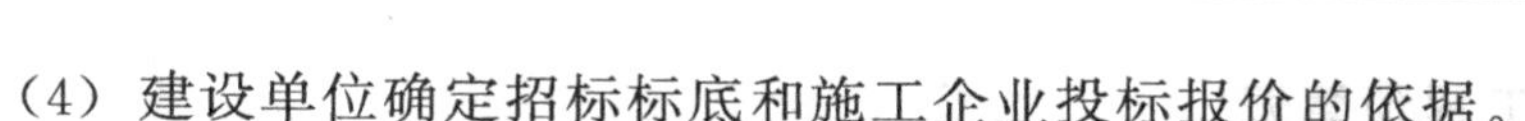

（4）建设单位确定招标标底和施工企业投标报价的依据。

（5）施工企业进行经济核算，考核工程成本的依据。

三、施工预算的作用

施工企业为了降低工程成本、提高劳动生产率、加强企业管理，在施工图预算限额的控制下，通过工料分析，在施工组织设计中采用降低工程成本的技术与组织措施，对工程所需的人工、材料、机械台班消耗量及其他费用进行较详细精确的计算，其作用如下。

（1）提供精确的施工用量，作为编制施工计划、材料使用计划、劳动力使用计划，及对外加工订货的依据。

（2）按施工定额用量，对班组下达任务单，实行班组核算及限额领料的依据。

（3）比对施工图预算，降低工程造价的措施。

第三节 建筑装饰工程预算的编制

一、建筑装饰工程预算书的内容

1. 预算封面及编制说明

（1）预算封面　工程名称、建设单位名称、施工单位名称、结构类型、建筑面积、工程造价、经济指标等。

（2）编制说明　工程概况、费用内容、取费标准及编制中的其他附加说明等。

2. 装饰造价计算程序

装饰造价计算程序的内容包括：单位工程造价；总的定额直接费；人工、材料、机械费调整值；综合费；施工措施费；其他费及税金等。

3. 装饰工程预算表

装饰工程预算表内容包括：各分部分项工程名称及对应的工程量、定额子目编号、定额单位、定额单价和复价、定额人工单价和复价、定额机械单价和复价。

4. 各分部分项工程量计算表（略）

5. 工料机分析表及汇总表

工料分析表是用来分析建筑装饰工程主要材料、人工及机械消耗量的表格。工料分析是按照分部分项工程项目，计算出人工、各种材料和机械的消耗数量，并进行同类项合并，从而可得出工料机分析汇总表。

二、建筑装饰工程预算的编制

建筑装饰工程预算的编制方法主要有单位估价法和实物造价法两种。在大多数情况下，应采用单位估价法来编制预算。如在室内装饰工程中大量采用了新材料、新技术、新设备时，还应采用实物造价法来编制预算。

1. 单位估价法

它是利用分部分项工程单价计算工程造价的方法，其计算程序如下。

（1）根据施工图纸计算各分部分项工程量。

（2）套定额确定各分部分项工程定额直接费，并汇总为单位工程定额直接费。

（3）进行工料机的分析。

（4）计算人工、材料、机械费调整差价。

（5）计算综合费、施工措施费、其他费及税金。

（6）汇总以上各费用得出单位工程造价。

2. 实物造价法

对于一些新材料、新技术、新设备或定额的缺项可采用实物法来编制装饰工程预算，其计算程序如下。

（1）根据施工图纸计算各材料的数量。

（2）按照劳动定额计算人工工日数。

（3）按照建筑机械台班使用定额计算机械台班数量。

（4）根据人工日工资标准、材料预算价格及机械台班费用单价等资料，计算单位工程直接费。

（5）计算综合间接费、计划利润及税金。

（6）汇总以上费用得出单位工程预算造价。

复习思考题

1. 建筑装饰工程的作用和特点是什么？
2. 什么是建筑装饰工程预算？
3. 分析施工图预算和施工预算的特点。
4. 建筑装饰工程预算的编制方法有哪些？

第三章　建筑装饰工程造价计价定额

第一节　建筑装饰工程施工定额

建筑装饰工程施工定额是规定建筑装饰工人或小组在正常的施工条件下，完成单位合格产品所必须消耗的劳动力、材料以及使用机械的数量标准，它是根据专业施工的作业对象和工艺制定的。施工定额是以施工过程为编制对象的，即施工过程中的人工、材料、机械消耗量的定额。

一、建筑装饰工程施工定额的作用

建筑装饰工程施工定额的作用主要有以下 6 个方面。

（1）供施工企业编制施工预算。

（2）编制施工组织设计的依据。

（3）施工企业内部经济核算的依据。

（4）与工程队签发任务单的依据。

（5）计件工资和超额奖励计算的依据。

（6）编制装饰预算定额的基础。

二、建筑装饰工程施工定额的组成

建筑装饰工程施工定额由劳动定额、材料消耗定额、机械台班使用定额组成，三者之间联系密切。但是，从其性质和用途来看，它们又可以根据不同的需要，单独发挥作用。

1. 建筑装饰工程劳动定额

建筑装饰工程劳动定额（即人工定额）是指在正常装饰施工技术组织条件下，为完成一定量的合格装饰产品或完成一定量的工作所规定的劳动消耗量的标准。

劳动定额的表现形式有时间定额和产量定额 2 种。

（1）时间定额　它是指在正常装饰施工条件下，工人为完成单位合格装饰产品所必须消耗的工作时间。时间定额包括工人的有效工作时间（准备与结束时间、基本工作时间、辅助工作时间）、必需的休息时间与生理需要时间和不可以避免的中断时间。时间定额以“工日”为单位，按目前我国制度规定，每个工日工作时间为 8h，如《全国统一建筑工程基础定额》（GJD-101—2000）装饰工程部分规定：内墙面干挂花岗岩，工作内容包括清理基础、清洗花岗岩、钻孔成槽、安铁件（螺栓）、挂花岗岩、刷胶、打蜡及清洁面层等全部操作过程，干挂 $100m^2$ 花岗岩内墙面的综合工日数为 88.24 工日，则干挂 $1m^2$ 花岗岩内墙面的时间定额为 0.8824 工日。

时间定额的计算公式如下。

单位产品的时间定额＝1/每单位工日完成的产量或单位产品的时间定额

＝小组成员工日数之和/班组台班产量（班组完成产品数量）

（2）产量定额　它是指在正常装饰施工条件下，工人在单位时间内完成合格装饰产品的数量。计量单位为：产品计量单位/工日。产量定额的计算公式如下。

每工日产量定额＝1/单位装饰产品的时间定额或台班产量定额

＝完成合格装饰产品的数量/小组成员工日数之和

时间定额与产量定额为互为倒数关系。如上例中，已知干挂 $1m^2$ 花岗岩内墙面的时间定额为 0.8824 工日，则每工日产量定额应是：

1/0.8824 工日＝1.1333m²。

在装饰工程劳动定额中，时间定额、产量定额有单式和复式 2 种表现形式。单式一般只有时间定额，复式既列出时间定额，又列出产量定额，具体表示方法为：时间定额/产量定额或时间定额/台班产量。

(3) 装饰工程劳动定额的作用　主要体现在：它是计划管理的重要依据；是衡量工人劳动生产率的主要尺度；是贯彻按劳分配原则和推行经济责任制的重要依据；是合理组织劳动力的依据；是推广先进技术的必要条件；是企业实行经济核算的重要基础。

(4) 装饰工程劳动定额的编制方法　主要有以下 4 种。

① 经济估计法。它是由定额专业人员、工程技术人员和工人三者相结合，根据实践经验和工程具体情况讨论制定定额的方法。其优点是制定定额简单易行，速度快、工作量小。其缺点是缺乏科学资料依据，易出现偏高或偏低的现象。这种方法主要适用于产品品种多、批量小或不易计算工程量的施工作业。

② 技术测定法。它是指通过深入的调查研究，拟订合理的施工条件、操作方法、劳动组织和工时消耗，在考虑生产潜力的基础上，经过严格的技术测定和科学的数据处理后制定定额的方法。

技术测定法主要有以下 4 种。

a. 测时法。主要研究施工过程中各循环组成部分定额工作时间的消耗，即主要研究基本工作时间。

b. 写实记录法。研究所有性质的工作时间消耗、休息时间，以及各种损失时间。

c. 工作日写实法。研究工人全部工作时间中各种工时消耗，运用这种方法分析哪些工时消耗是有效的，哪些是无效的，进而找出工时损失的原因，并拟订改进的技术、组织措施。

d. 简易测定法是保持现场实地观察记录的原则，对前几种测定方法予以简化。

技术测定法测定的装饰定额水平科学、精确，但技术要求高、工作量大。

③ 比较类推法。它是指以同类型工序或产品的典型定额为标准，用比例数字法或图示坐标法，经过分析比较，类推出相似项目定额水平的方法。这种方法适用于同类型产品规格多、批量小的装饰施工过程。一般只要典型定额选择恰当、分析合理，类推出的定额水平也比较合理。

④ 统计分析法。它是将同类工程或同类产品的工时消耗统计资料，结合当前的技术、组织条件，进行分析、研究，制定定额。这种方法在施工条件正常、产品稳定、统计制度健全、统计工作真实可信的情况下方可适用，它比经验估计法更能真实反映生产水平。其缺点是不能剔除不合理的时间消耗。

2. 装饰工程材料消耗定额

（1）装饰工程材料消耗定额的定义　它是指在正常装饰施工条件和合理使用装饰材料的条件下，完成单位合格的装饰产品所必须消耗的一定品种规格的材料、成品、半成品等的数量标准，其计量单位为实物的计量单位。

完成单位合格装饰产品所必需的装饰材料消耗量包括净用量和合理损耗量。净用量是指直接组成工程实体的材料用量。合理损耗量是指不可避免的材料损耗，如场内运输及场内堆放中在允许范围内不可避免的损耗、加工制作中的合理损耗及施工操作中的合理损耗等。

材料的消耗量用下式计算。

装饰材料消耗量＝材料净用量＋损耗量

装饰材料损耗量＝材料净用量×材料损耗率

由以上两计算式中可知：

装饰材料消耗量＝材料净用量×（1＋材料损耗率）

材料损耗率是由国家有关部门根据观察和统计资料确定的（其中大多数材料可直接查预算定额，个别新材料可采用现场实测，报有关部门批准）。

（2）装饰材料消耗定额的制定　制定方法主要有以下 4 种。

① 观察法。根据施工现场在合理使用装饰材料条件下（完成合格装饰产品时），对装饰材料消耗过程的测定与观察，通过计算来确

定各种装饰材料消耗定额的一种方法。

观察对象的选择是观察法的首要任务。选择观察对象应注意：所选对象应具有代表性；施工技术、施工条件应符合操作规范要求；装饰材料的品种、质量应符合设计和施工技术规范要求。在观察前应做好充分的技术和组织准备工作，如研究装饰材料的运输方法、堆放地点、计量方法和采取减少损耗的措施等，以保证观察法的正确性和合理性。

② 试验法。在试验室内通过专门的仪器确定装饰材料消耗定额的一种方法，如砂浆、油漆、涂料等。由于这种方法不一定能充分估计到施工过程中的某些因素对装饰材料消耗量的影响，因此往往还需作适当调整。

③ 统计法。它是根据长期积累的分部分项工程所拨发的各种装饰材料数量、完成的产品数量和材料的回收量等资料，进行统计、整理分析、计算，以确定装饰材料消耗定额的方法。

统计法的优点是不需要组织专门人员进行现场测定或试验，但其准确度受统计资料、具体情况的限制，精确度不高，使用时应认真分析并进行修正，使其数据具有代表性。

④ 计算法。它是根据施工图纸，利用理论公式来计算装饰材料消耗量的一种方法，计算时应考虑装饰材料的合理损耗（损耗率仍要在现场实测得出）。这种方法主要适用于确定板、块类材料的消耗定额，举例如下。

【例 3-1】 采用 1∶1 水泥砂浆贴 100mm×200mm×5mm 瓷砖墙面，结合层厚度为 10mm，灰缝宽度为 1mm，试计算 $10m^2$ 墙面瓷砖和砂浆的总消耗量（瓷砖、砂浆的损耗率分别为 1.5%、1%）。

解：$10m^2$ 瓷砖墙面中瓷砖净用量为：瓷砖净用量＝10/[(0.1＋0.001)×(0.2＋0.001)]＝493 块

瓷砖总消耗量＝493×(1＋1.5%)＝500 块

每 $10m^2$ 墙面中结合层砂浆净用量：10×0.01＝$0.1m^3$

每 $10m^2$ 墙面中灰缝砂浆净用量：(10－493×0.1×0.2)×0.005

$=0.0007m^3$

每 $10m^2$ 瓷砖墙面砂浆总消耗量：$(0.1+0.0007)\times(1+1\%)=0.1017m^3$

（3）装饰材料消耗定额的作用 它是企业编制材料需要量的计划、运输计划、供应计划、计算仓储面积、签发限额领料单和进行经济核算的依据，也是编制装饰工程预算定额的基础。

3. 装饰施工机械台班使用定额

（1）定义 指在正常装饰施工条件下（合理组织生产、合理使用机械），某种专业的工人班组使用机械完成单位合格装饰产品所必须消耗的工作时间（台班）或在一定台班内完成质量合格的装饰产品的数量标准。其表现形式有机械时间定额和机械台班产量定额 2 种。

① 机械时间定额。在合理施工条件下，生产单位合格装饰产品所必须消耗的时间。计算公式如下。

$$机械时间定额=1/机械台班产量$$

$$机械时间定额=小组员工工日数之和/机械台班产量$$

② 机械台班产量定额。在合理施工条件下和劳动组织情况下，每一机械台班时间中，必须完成合格装饰产品的数量。计算公式如下。

$$机械台班产量定额=1/机械时间定额$$

$$机械台班产量定额=机械台班产量定额/\frac{小组员工工日数之和}{（工人配合机械）}$$

机械时间定额和机械台班产量定额互为倒数。如塔式起重机吊装一块混凝土楼板，建筑物层数为 6 层以内，楼板质量在 0.5t 以内，如果规定机械时间定额为 0.008 台班，则该塔式起重机的台班产量定额应为 1/0.008=125 块。

（2）装饰施工机械台班定额的编制 编制装饰施工机械台班定额的主要步骤是：拟订机械施工的正常条件；确定机械 1h 纯工作正常生产率；确定施工机械的正常利用系数；计算施工机械的台班定额。

（3）装饰施工机械台班使用定额的作用 编制机械作业计划、核定企业机械调度和维修计划、下达施工任务的依据。

三、装饰工程施工定额的编制及应用

1. 装饰工程施工定额的主要内容

装饰工程施工定额手册是施工定额的汇编，其主要内容由文字说明、分节定额和附录3部分组成。

(1) 文字说明　包括总说明、分册说明和分章说明。

(2) 分节定额　包括定额表的文字说明、定额表和附注。

(3) 附录　一般包括名词解释、图示及有关参考资料，如混凝土与砂浆配合比、材料损耗率等。

2. 装饰工程施工定额的编制依据

(1) 现行国家建筑装饰工程施工及验收规范、质量检验标准、技术安全操作规程和有关装饰标准图。

(2) 全国统一建筑装饰工程劳动定额。

(3) 现场有关测定资料。

(4) 装饰工人技术等级资料。

3. 装饰工程施工定额的编制方法

总的来说，装饰工程施工定额的编制方法有2种。

(1) 实物法　由劳动定额、材料消耗定额和机械台班使用定额3部分组成。

(2) 实物单价法　由劳动定额、材料消耗定额和施工机械台班使用定额的数量乘以各自对应的单价，得出单位合价。编制装饰工程施工定额，就是在具有足够的技术测定资料、经验统计资料和其他有关资料的基础上，选定定额方案，编制出3种定额并加以汇总成册。

4. 装饰工程施工定额的应用

要正确使用装饰工程施工定额，首先必须熟悉定额的文字说明，了解定额项目的工作内容、有关规定、工程量计算规则、施工方法等，只有这样才能正确套用和换算定额。

第二节　建筑装饰工程预算定额

一、全国装饰定额的简介

室内装饰定额大多依附在建筑装饰定额，全国有《全国统一建筑装饰装修工程消耗量定额》，上海市有《上海市建筑和装饰工程预算定额》，各省市都有结合本地区的装饰定额，基本上都是大同小异，故此只简介全国和上海新版定额供大家参考。

《全国统一建筑装饰装修工程消耗量定额》（GYD 901—2002）是与《全国统一建筑装饰装修工程量清单计量规则》、《全国统一建筑工程基础定额》、《全国统一安装工程工程预算定额》等规则配套使用，在正常的装饰施工组织条件下，确定一定计量单位的装饰分项工程或结构构件的人工、材料、机械台班消耗量的标准。定额中包括所需人工工日数、各种主要装饰材料及辅助材料的耗量数、施工中的机械台班耗用量数。由于全国各地的发展现状不同，其装饰预算定额的形式有所不一样，为此《全国统一建筑装饰装修工程消耗量定额》就不做详尽介绍，这里介绍运用过程中的几点说明，供读者实践中掌握。

（1）《全国统一建筑装饰装修工程消耗量定额》（以下简称本定额）是完成规定计量单位装饰装修分项工程所需的人工、材料、施工机械台班消耗量的计量标准。

（2）本定额可与《全国统一建筑装饰装修工程消耗量清单计量规则》配合使用。它是编制装饰装修工程单位估价表、招标工程标底、施工图预算、确定工程造价的依据；是编制装饰装修工程概算定额（指标）、估算指标的基础；是编制企业定额、投标报价的参考。

（3）本定额适用于新建、扩建和改建工程的建筑装饰装修。

（4）本定额是依据国家有关现行产品标准、设计规范、施工及验收规范、技术操作规程、质量评定标准和安全操作规程编制的，并参考了有关地区标准和有代表性的工程设计、施工资料和其他资料。

(5) 本定额是按照正常施工条件、目前多数企业具备的机械装备程度、施工中常用的施工方法、施工工艺和劳动组织，以及合理工期进行编制的。

(6) 本定额人工消耗量的确定：人工不分工程、技术等级，以综合工日表示，内容包括基本用工、超运距用工、人工幅度差、辅助用工。

(7) 本定额材料消耗量的确定如下。

① 本定额采用的建筑装饰装修材料、半成品、成品均按符合国家质量标准和相应设计要求的合格产品考虑。

② 本定额中的材料消耗量包括施工中消耗的主要材料、辅助材料和零星材料等，并计算了相应的施工场内运输及施工操作的损耗。

③ 用量很少、占材料费比重很小的零星材料合并为其他材料费，以材料费的百分比表示。

④ 施工工具用具性消耗材料，未列出定额消耗量，在建筑安装工程费用定额中工具用具使用费内考虑。

⑤ 主要材料、半成品、成品损耗率见附录。

(8) 本定额机械台班消耗量的确定如下。

① 本定额的机械台班消耗量是按正常合理的机械配备、机械施工工效测算确定的。

② 机械原值在2000元以内、使用年限在2年以内的不构成固定资产的低值易耗的小型机械，未列入定额，作为工具用具在建筑安装工程费用定额中考虑。

(9) 本定额均已综合了搭拆3.6m以内简易脚手架用工及脚手架摊销材料，3.6m以上需搭设的装饰装修脚手架按本定额第七章装饰装修脚手架工程相应子目执行。

(10) 本定额木材不分板材与方材，均以××(指硬木、杉木或松木)锯材取定。即经过加工的称锯材，未经过加工的称圆木。木种分类规定如下。

第一、二类：红松、水桐木、樟木松、白松（云杉、冷杉）、杉木、杨木、柳木、椴木。

第三、四类：青松、黄花松、秋子木、马尾松、东北榆木、柏木、苦楝木、梓木、黄菠萝、椿木、楠木、柚木、樟木、栎木（柞木）、檀木、色木、槐木、荔木、麻栗木（麻栎、青刚）、桦木、荷木、水曲柳、华北榆木、榉木、橡木、枫木、核桃木、樱桃木。

（11）本定额所采用的材料、半成品、成品的品种、规格型号与设计不符时，可按各章规定调整。如定额中以饰面夹板、实木（以锯材取定）、装饰线条表示的，其材料包括榉木、橡木、柚木、枫木、核桃木、樱桃木、桦木、水曲柳等；部分列有榉木或者橡木、枫木的项目，如实际使用的材质与取定的不符时，可以换算，但其消耗量不变。

（12）本定额与《全国统一建筑工程基础定额》相同的项目，均以本定额项目为准；本定额未列项目（如找平层、垫层等），则按《全国统一建筑工程基础定额》相应项目执行。

（13）卫生洁具、装饰灯具、给排水、电气等安装工程按《全国统一安装工程预算定额》相应项目执行。

（14）本定额中的工作内容已说明了主要的施工工序，次要工序虽未说明，但均已包括在内。

（15）本定额注有“××以内”或“××以下”者，均包括××本身，“××以外”或“××以上”者，则不包括××本身。

（16）本定额中编制了材机代码，以便于计算操作。

二、《上海市建筑和装饰工程预算定额》（2000）简介

建筑装饰工程预算定额是指在正常的装饰施工组织条件下，确定一定计量单位的装饰分项工程或结构构件的人工、材料、机械台班消耗量的标准。它是分别以装饰工程中各分部分项工程为单位进行编制的，定额中包括所需人工日数、各种主要装饰材料及机械台班数量。预算定额的具体表现形式是单位估价表，它是计算装饰工程造价直接费的依据，

当然由于全国各地的发展现状不同，其装饰预算定额的形式有所不同。目前上海市使用的是《上海市建筑和装饰工程预算定额》(2000 年)。

1. 编制原则

《上海市建筑和装饰工程预算定额》(以下简称本定额) 是根据沪建 (98) 第 0323 号文“关于修编本市建筑工程预算定额的批复”及其有关规定，在《上海市建筑工程预算定额》(1993)、《上海市建筑装饰工程预算定额》(1993) 及《全国统一建筑工程基础定额 土建》(GJD-101—2000) 的基础上，结合多年来的执行情况，以及“新技术、新工艺、新材料、新设备”的广泛应用，并体现量价完全分离而编制的预算定额。

2. 定额的作用

(1) 统一本市建筑工程和建筑装饰工程项目划分、计算单位和编写预算工程量计算规则的依据。

(2) 完成规定计量单位分项工程计价的人工、材料、施工机械台班消耗量标准，反映社会平均水平。

(3) 编制本市建筑工程和建筑装饰工程概算定额、估算指标以及技术经济指标的基础。

(4) 编制施工图预算、工程招投标底 (书) 和办理竣工结算的重要参照依据。

(5) 比较、分析、评价设计方案，进行技术经济分析的依据。

(6) 企业进行经济活动分析的依据。

3. 定额的适用范围

本定额适用于本市行政区域范围内的工业与民用建筑及构筑物的新建、扩建、改建及装饰工程 (建筑装饰工程装饰定额不再单独列册，以分部分项内容并入本定额)。

4. 定额的水平

本定额是按照正常的施工条件、多数施工企业的装备设备、成熟的施工工艺、合理的劳动组织为基础编制的，反映了上海地区的社会平均消耗量水平。

5. 编制依据

(1) 沪建 (98) 第0323号文"关于修编本市建设工程预算定额的批复"及有关规定。

(2)《全国统一建筑工程基础定额 土建》(GJD-101—2000)。

(3)《上海市建筑工程预算定额》(1993)、《上海市建筑装饰工程预算定额》(1993)。

(4) 国家及本市现行规定、规范、质量评定标准。

(5) 国家及本市现行强制标准(图集)、推荐性标准(图集)、通用图集。

(6) 全国各省市、部现行定额标准。

(7) 现行建筑装饰工程典型案例及现场实地调查,测算资料。

(8) 现行的本市人工工资标准、材料预算价格、机械台班预算价格、其他有关设备及配件等价格资料(参考价)。

6. 建筑装饰工程预算定额"三量"的确定

建筑装饰工程预算定额中的"三量"是指人工、材料、机械台班三者的定额消耗数量。

(1) 人工工日消耗量的确定原则 装饰工程预算定额中的人工工日消耗指标,主要根据装饰工程劳动定额的时间定额来确定,其内容是指完成一个定额单位的装饰产品所必需的各种用工量的总和,包括基本用工量和其他用工量。

① 基本用工量。它是指完成一个定额单位的装饰产品所必需的主要用工量。计算公式如下。

$$基本用工量=\Sigma(工序工程量\times对应的时间定额)$$

② 其他用工量。它是指劳动定额中没有包括而在编制预算定额时,必须考虑的工时消耗,包括超运距用工、辅助用工和人工幅度差3部分。

a. 超运距用工。它是指编制装饰预算定额时,材料运输距离超过劳动定额规定的距离而需增加的工日数量,计算公式如下。

$$超运距=装饰预算定额的运距-劳动定额规定的运距$$

$$超运距用工量=\Sigma(超运距材料数量\times对应的时间定额)$$

b. 辅助用工。它是指基本用工以外的材料加工等所需要的用工量。计算公式如下。

辅助用工量＝Σ(材料加工数量×对应的时间定额)

c. 人工幅度差。它是指劳动定额中没有包括，而在装饰预算定额中应考虑的零星用工量，如各工种间的工序搭接及交叉作业互相配合或影响所发生的停歇用工、施工机械在单位工程之间转移及临时水电线路移运所造成的停工、质量检查和隐蔽工程验收工作的影响、班组操作地点转移用工、工序交接时对前一工序不可避免的修正用工、施工中不可避免的其他零星用工等。人工幅度差的计算公式如下。

人工幅度差＝(基本用工＋超运距用工＋辅助用工)×人工幅度差系数

人工幅度差系数一般为10％～15％，在预算定额中，人工幅度差列入其他用工中。

综上所述，装饰工程预算定额中的人工消耗指标，可按下式计算。

综合人工工日数＝(基本用工＋超运距用工＋辅助用工)×(1＋人工幅度差系数)

《上海市建筑和装饰工程预算定额》(2000)中，人工工日消耗量的确定原则是按现行全国建筑安装工程统一劳动定额和上海市补充劳动定额为基础进行计算，并考虑了在综合劳动定额项目外必须增加的基本用工幅度差。每工日按8h工作制计算。

(2) 材料消耗指标的确定　装饰预算定额项目中的材料消耗指标，应以施工定额中的材料消耗指标为计算基础。如果某些材料查不到材料消耗指标时，则应选择有代表性的图纸，经计算分析求得材料消耗指标。

装饰预算定额项目中的材料消耗指标，包括净用量和合理损耗量(如场内运输、堆放、操作损耗)等内容。计算公式如下。

装饰材料消耗量＝材料净用量＋损耗量
＝(1＋材料损耗率)×材料净用量

《上海市建筑和装饰工程预算定额》(2000)中，材料消耗量的确定原则主要包括以下内容。

① 本定额材料消耗包括主要材料、辅助材料、零星材料等。

② 凡能计量的材料、成品、半成品均按品种、规格逐一列出数量，并计入相应损耗。其内容和范围包括：从工地仓库或现场集中堆放地点或现场加工地点至操作或安装地点的运输损耗、施工操作损耗、施工现场堆放损耗等。

③ 难以计量的零星材料即其他材料费以该项目材料费之和的百分率表示。

(3) 机械台班消耗量的确定　装饰预算定额项目中的机械台班消耗指标，是以“台班”为单位计量的。它是根据全国统一劳动定额中各种机械施工项目所规定的台班产量加上机械幅度差进行计算的。若按实际需要计算施工台班消耗时，不应再加机械幅度差。

《上海市建筑和装饰工程预算定额》(2000) 中，机械台班消耗量的确定原则如下。

① 本定额机械台班消耗量已考虑了按合理施工方法及综合劳动定额所需增加的机械幅度差。

② 定额中的机械类型、规格是在正常施工条件下，按常用的机械类型确定，与定额中的台班消耗量相对应。

③ 难以计量的零星机械即其他机械费以该项目机械费之和的百分率表示。

7. 材料标准

建筑装饰材料、成品、半成品的消耗量按合格的标准规格产品编制，未注明材料规格、强度等级的应按设计要求选用。

8. 周转性材料的确定原则

本定额周转性材料（钢模板、木模板、脚手架等）按摊销量编制，且已包括回库维修消耗量。

9. 材料运输

本定额已包括材料、成品、半成品从工地仓库、现场堆放点或集中加工地点至操作地点的水平和垂直运输所需的人工及机械。

10. 垂直运输

本定额的垂直运输是指单位工程在合理工期内完成全部工程项目

所需的垂直运输机械台班量。

11. 木材分类

本定额的木材分类如下。

一类：红松、水桐木、樟子松。

二类：白松（云杉、冷杉）、杉木、杨木、柳木、椴木等。

三类：青松、黄花松、秋子木、马尾松、东北榆木、柏木、苦楝木、梓木、黄菠萝、椿木、楠木、柚木、樟木等。

四类：栎木（柞木）、檀木、色木、槐木、荔木、麻栗木（麻栎、青刚）、桦木、荷木、水曲柳、华北榆木等。

12. 冬、雨季施工

本定额未包括防寒、防雨所需增加的人工、材料和设施费。

13. 工作内容

本定额工作内容中已说明了主要的施工工序，次要工序虽未说明，但均已考虑在定额内。

14. 定额界定

本定额中注有“×××以内”或“×××以下”者，均包括×××本身，“×××以外”或“×××以上”者，均不包括×××本身。

15. 装饰工程预算定额的组成内容

装饰工程预算定额是编制装饰施工图预算的主要依据。要能正确地运用装饰预算定额，就必须全面了解装饰定额的组成。建筑装饰工程预算定额的组成和内容一般包括6个部分：总说明；建筑面积计算规则；分部工程（章）定额说明及计算规则；分项工程（节）工程内容；定额项目表；定额附录等。

(1) 建筑装饰工程预算定额总说明

① 装饰工程预算定额的适用范围、指导思想及目的和作用。

② 装饰工程预算定额的编制原则、编制依据及上级主管部门下达的编制或修订文件精神。

③ 使用装饰工程定额必须遵守的规则及其适用范围。

④ 装饰工程预算定额在编制过程中已经考虑的和没有考虑的因

素及未包括的内容。

⑤ 装饰工程预算定额所采用的材料规格、材质标准、允许或不允许换算的原则。

⑥ 各部分装饰工程预算定额的共性问题和有关统一规定及使用方法。

(2) 建筑面积的计算规则 建筑面积是计算单位平方米取费或工程造价的基础，是分析建筑装饰工程技术经济指标的重要数据，是计划和统计的指标依据。必须根据国家有关规定（有些省还有补充规定），对建筑面积的计算作出统一的规定。

(3) 分部工程（章）定额说明及计算规则

① 说明分部工程（章）所包括的定额项目内容和子目数量。

② 分部工程（章）各定额项目工程量的计算规则。

③ 分部工程（章）定额内综合的内容及允许和不允许换算的界限及特殊规定。

④ 使用本分部工程（章）允许增减系数范围规定。

(4) 分项工程（节）工程内容

① 在本定额项目表表头上方说明各分项工程（节）的工作内容及施工工艺标准。

② 说明本分项工程（节）项目包括的主要工序及操作方法。

(5) 定额项目表

① 分项工程定额编号（子目号）及定额单位。

② 分项工程定额名称。

③ 定额基价。其中包括人工费、材料费、机械费。

④ 人工表现形式。一般只表示综合工日数。

⑤ 材料（含构、配件）表现形式。材料一览表内一般只列出主要材料和周转性材料名称、型号、规格及消耗数量。次要材料多以其他材料费的形式以“元”表示。

⑥ 施工机械表现形式。一般只列出主要机械名称及数量，次要机械以其他机械费形式以“元”表示。

⑦ 预算定额单价（基价）。包括人工工资单价、材料价格、机械

台班单价，此3部分均为预算价格。在计算工程造价时还要按各地规定调整价差。

⑧ 有的定额表下面还列有与本节定额有关的说明和附注，说明设计与本定额规定不符时如何调整，以及说明其他应明确的但在定额总说明和分部说明不包括的问题。定额表表格的版面设计有2种，一种是竖排版，另一种是横排版，各地区可根据习惯选用，但其表格内容基本相同。

(6) 定额附录　装饰预算定额内容最后一部分是附录或称为附表，是配合本定额使用不可缺少的组成部分。一般包括以下内容。

① 各种不同强度等级的混凝土和砂浆的配合比表；不同体积比的砂浆、装饰油漆、涂料等混合材料的配合比用量表。

② 各种材料成品或半成品场内运输及施工操作损耗率表。

③ 常用的建筑材料名称及规格、表观密度换算表。

④ 材料、机械综合取定的预算价格表。

⑤ 以上各部分组成内容中，不另表示的其他内容，均可以定额附录、附表的形式表示，以方便使用。

《上海市建筑和装饰工程预算定额》(2000) 中的定额附录摘录了主要材料损耗率表。

16. 装饰定额的应用

在装饰工程施工过程中，如何正确应用定额是非常重要的。为了准确地应用装饰定额，必须全面了解定额、深刻理解定额、熟练地掌握定额。

(1) 定额的直接套用　如果按设计的要求，工作内容与确定的工程项目相吻合，则直接套用即可，但应特别注意定额的总说明、章说明、工程内容及定额表的要求，应仔细阅读，以防发生错误。

(2) 定额的替换　所谓定额的替换，是指设计的要求、工作内容、子目或与表中某序号所列的规格（如材料规格、水泥砂浆配比等）不符合时，则应查用相应定额或其他说明予以替换。换算后的定额项目应在其子目号后的右下角注上“换”字，以示区别。在抽换前应认真理解定额的总说明、章说明、工程内容及定额表下方的注解，确定是否需要抽换，以及怎样抽换。切记，只有定额说明允许替换的才能进行替换。

（3）定额的应用要点　应用要点如下。

① 正确套用定额子目，不多项也不漏项。

② 看清定额的计量单位。

③ 图纸实际工作内容与定额工作内容是否一致，如不一致可能要进行换算。

④ 必须做到“多看、多思、多做”。

⑤ 要查看施工组织设计（施工方法）。

【例 3-2】 某工程需铺设普通大理石地面 30m^2，其工作内容包括清理基层、锯板磨边、调制砂浆、刷水泥浆、贴大理石面、擦缝、清理面层等，试确定其人工、材料、机械台班的消耗量。

解：查《上海市建筑和装饰工程预算定额》（2000）第 419 页定额编号为 7-4-1 的表。根据判断可知，该大理石地面分项工程内容与定额的工程内容一致，故可直接套用定额子目。

从定编表 7-4-1 中可查出：

人工工日：

抹灰工工日为：30×0.1618＝4.854 工日

其他工工日为：30×0.0443＝1.329 工日

总人工工日为：4.854＋1.329＝6.183 工日

材料用量：

厚 20mm 的大理石面板：30×1.02＝30.6m^2

1∶1 水泥砂浆：30×0.0051＝0.153m^3

白水泥：30×0.103＝3.09kg

素水泥浆：30×0.001＝0.03m^3

石料切割锯片：30×0.0035＝0.105 片

机械台班消耗量：

灰浆搅拌机 200L：30×0.0009＝0.027 台班

石料切割机：30×0.014＝0.42 台班

【例 3-3】 某装饰工程的内墙面贴金属墙纸，内墙面面积为

$70m^2$，工作内容包括基层处理、刷底油、刮腻子、贴金属墙纸等，试计算其人工、材料、机械台班的消耗量。

解：查《上海市建筑和装饰工程预算定额》（2000）第419页，根据判别可知，金属墙纸墙面的工程内容与定额编号为10-12-32的表的工程内容一致，可直接套用定额子目。

从10-12-32的定额表中可查出：

人工工日：

油漆工工日为：70×0.1732＝12.124工日

其他工工日为：70×0.0173＝1.211工日

总人工工日为：12.124＋1.211＝13.335工日

材料用量：

金属墙纸为：70×1.1579＝81.053m^2

大白粉：70×0.2350＝16.45kg

酚醛清漆为：70×0.070＝4.9kg

白胶为：70×0.2510＝17.57kg

油漆溶剂油为：70×0.030＝2.1kg

化学浆糊（羧甲基纤维素）为：70×0.0165＝1.155kg

其他材料费为：总材料费×0.23％

由于贴墙纸工程不需要机械，故没有机械台班的消耗量。

【例3-4】 某装饰工程的地面铺设硬木企口地板，工作内容含铺木搁栅、毛地板、硬木企口地板、地板磨光，地面面积$200m^2$，试计算其人工、材料、机械台班的消耗量。

解：这是个综合木地板工程，包含4个子目，即木搁栅、毛地板、硬木企口地板、地板磨光。

1. 木搁栅

查《上海市建筑和装饰工程预算定额》（2000）第444页的定额编号为7-4-63的表。

人工工日：

木工工日：200×0.1167＝23.34工日

其他工日：200×0.0233＝4.66 工日

总人工工日：23.34＋4.66＝28 工日

材料用量：

一般小方材≤54cm^3：200×0.0153＝3.06m^3

煤油：200×0.0562＝11.24kg

防腐油：200×0.2842＝56.84kg

氯化钠（防腐剂）：200×0.2450＝50kg

铁丝 8#～10#：200×0.3013＝60.26kg

圆钉：200×0.1587＝31.74kg

预埋铁件：200×0.5001＝100.02kg

机械台班消耗量：

木工圆锯机 ϕ500：200×0.0020＝0.4 台班

2. 毛地板

查《上海市建筑和装饰工程预算定额》（2000）第 445 页的定额编号为 7-4-64 的表。

人工工日：

木工工日：200×0.0485＝9.7 工日

其他工日：200×0.0121＝2.42 工日

总人工工日：9.7＋2.42＝12.12 工日

材料用量：

圆钉：200×0.2732＝64.64kg

毛地板：200×1.05＝210m^2

其他材料费：总材料费×0.65％

机械台班消耗量：

木工圆锯机 ϕ500：200×0.0013＝0.26 台班

3. 硬木企口地板

查《上海市建筑和装饰工程预算定额》（2000）第 446 页的定额编号为 7-4-65 的表。

人工工日：

木工工日：200×0.4231＝84.62 工日

其他工日：200×0.0496＝9.92 工日

总人工工日：84.62＋9.92＝94.54 工日

材料用量：

硬木企口地板：200×1.05＝210m^2

圆钉：200×0.2732＝54.64kg

其他材料费：总材料费×0.63％

机械台班消耗量：

木工圆锯机 ϕ500：200×0.0013＝0.26 台班

4. 地板磨光

查《上海市建筑和装饰工程预算定额》（2000）第 451 页的定额编号为 7-4-75 的表。

人工工日：

木工工日：200×0.0253＝5.06 工日

其他工日：200×0.0025＝0.5 工日

总人工工日：5.06＋0.5＝5.56 工日

材料用量：

打磨砂布（粗）：200×0.1000＝20m^2

砂纸：200×0.0600＝12 张

机械台班消耗量：

电动打磨机：200×0.0206＝4.12 台班

第三节　建筑装饰工程概算定额

一、概算定额的定义

建筑装饰工程概算定额是确定一定计量单位的扩大装饰分部分项工程的人工、材料、机械台班的消耗数量指标和综合价格，它是在装饰预算定额基础上，根据有代表性的装饰工程、通用图集和标准图集等资料进行综合扩大而成。但由于各种原因，我国目前还没有单独的装饰工程概算定额（目前以建筑工程概算定额来代替），但随着装饰事业的不断发展，装饰工程概算定额将来一定会制定。

二、装饰工程概算定额与预算定额形式的区别

装饰工程预算定额的每一个项目编号是以分部分项工程来划分的，而概算定额是将预算定额中若干个分部分项工程综合成一个分部工程项目，实际上就是把预算定额的分部分项工程经过“综合”、“扩大”、“合并”而成，因而概算定额使用更大的定额单位来表示。

三、概算定额的作用

（1）概算定额是编制装饰设计概算、修正概算的主要依据。

（2）编制主要装饰材料消耗量的依据。

（3）进行装饰设计方案技术经济比较的依据。

（4）确定装饰工程设计方案招标标底、投标报价的依据。

（5）编制装饰概算指标的依据。

四、概算定额基准价

概算定额基准价又称扩大单价，是概算定额单位产品即扩大分部分项工程所需全部人工费、材料费、机械台班使用费之和，是概算定额价格表现的具体形式。其计算公式如下。

概算定额基准价＝概算定额单位人工费＋概算定额单位材料费＋概算定额单位机械台班使用费

其中：概算定额单位人工费＝人工概算定额消耗量×人工工资单价

概算定额材料费＝材料概算定额消耗量×材料预算价格

概算定额机械台班使用费＝机械台班概算定额消耗量×机械台班预算价格

概算定额基准价一般多以省会城市的工资标准、材料预算价格和机械台班单价计算。在概算定额中，一般应列出基准价所依据的单价，并在附录中列出材料预算价格取定表。

复习思考题

1. 什么是施工定额？主要作用有哪些？

2. 施工定额由哪些部分组成？

3. 什么是人工定额？人工定额的编制方法有哪些？

4. 什么是材料消耗定额？材料消耗定额的制定方法有哪几种？

5. 什么是机械台班使用定额？机械台班使用定额编制的主要步骤如何？

6. 什么是装饰工程预算定额？它的主要作用有哪些？

7. 预算定额中的“三量”是指什么？

8. 如何确定预算定额中的人工消耗指标？

9. 如何确定预算定额中的材料消耗指标？

10. 如何确定预算定额中的机械台班消耗指标？

11. 预算定额的应用要点有哪些？

12. 试计算 100m^2 墙面釉面砖、地砖和 50m^2 乳胶漆天棚工程的人工、材料、机械台班的消耗量。

13. 什么是概算定额？它与预算定额有何区别？

第四章　建筑装饰工程工程量计算

第一节　概　　述

一、工程量计算的作用及意义

工程量计算的作用及意义主要体现在以下3个方面。

（1）建筑装饰工程量计算的准确与否，直接影响到建筑装饰工程的定额费用，从而影响到整个建筑装饰工程的预算造价。

（2）建筑装饰工程量是建筑装饰施工企业编制施工作业计划、合理安排施工进度、组织施工劳动力、安排材料和机械的重要依据。

（3）建筑装饰工程量是基本建设财务管理和会计核算的重要指标。

二、工程量计算的注意事项

建筑装饰工程量计算的注意事项主要体现在以下6个方面。

（1）严格按照预算的规定、工程量计算规则和已通过的施工图纸进行计算，不得任意加大或缩小各部位尺寸，务必做到工程量计算的准确性。

（2）计算工程量前，先要确定需要计算工程量的定额子目编号（注意要参照定额顺序或施工顺序），对于个别定额缺项的子目，应参照定额编制的基本思想，计算出工程量并确定其对应的定额单价，为缺项子目的报价做好准备。

（3）计算工程量时，一定要顺序进行计算。如分楼层计算，各层再按各自房间的不同部位分别计算，而且应注明该工程量计算所在的层次、部位、编号等，以便于校对，避免重算或漏算。

（4）工程量计算公式中的数字应按相同的次序排列，如长度×宽度×高度，以利校核，并且还应注意有效小数点的位数，一般计算时精确到小数点后 3 位，汇总时可精确到小数点后 2 位。

（5）结合图纸，尽量做到按楼层、按房间、按部位、按材料的不同分别计算。

（6）工程量汇总时，计算单位应和定额或单位估价表中的定额单位一致。

三、《上海市建筑和装饰工程预算定额》（2000）的工程量计算规则

1. 作用

本工程量计算规则为本市统一的建筑和装饰工程预结算工程量计算规则。

2. 适用范围

本规则适用于本市行政区域范围内的工业与民用建筑装饰工程。本规则与《上海市建筑和装饰工程预算定额》相配套，作为建筑装饰工程造价及其消耗量的依据。

3. 工程量计算的依据

工程量计算除依据《上海市建筑和装饰工程预算定额》（2000）及本规则各项规定外，还应依据以下文件。

（1）经审定通过的施工图设计图纸及说明。

（2）经审定的施工组织设计或施工技术措施方案。

（3）经审定的其他有关技术经济文件。

（4）如为招投标工程，则还要包括招投标文件及其答疑纪要。

4. 计算单位规定

本规则的计算尺寸，以设计图纸表示的尺寸或设计图纸能读出的尺寸为准。

除另有规定外，工程量的计量单位应按以下规定为准。

（1）以体积计算的为 m^3。

（2）以面积计算的为 m^2。

（3）以长度计算的为 m。

（4）以质量计算的为 t 或 kg。

（5）以件（个或组）计算的为件（个或组）。

5. 计算精度规定

汇总工程量时，其精度取值：m^3、m^2、m 取小数点后 2 位；t 取小数点后 3 位；kg、件等取整数。

第二节 识 图

一、设计图

设计图是拟建装饰工程的功能、形式、构造、材料、做法等内容在图纸上的反映，是装饰工程实物量的另一种表达形式，它的主要任务是满足施工的要求。一套设计图应当齐全统一、明确无误。由于装饰工程施工要完全按照设计图的要求来实施，因而预算人员在编制预算书之前，必须熟悉装饰工程施工图，对图上的每一根线条、每一条文字说明所表达的设计意图等都应当深入理解。另外，预算人员还必须熟悉装饰工程图制图标准，如各种图线、符号、图例的表示方法等（目前装饰工程制图主要应用《建筑制图标准》来表达）。

这里要注意的是，现在有些装饰工程设计图不够规范。如图中曲线较多，如同美术中的曲线，若要非常确切表达难度很大，因而只给出了式样，施工时现场再定。详细一些的图样应标出各种尺寸、比例、材料、色彩等。再如，有些图样没有给出具体的材质、构造、做法等（这里指装饰工程标准图中没有的做法），图样某些内容的模糊性给装饰工程预算在确定人工、材料及机械台班费等项目上的计算带来一定的差异。遇到这种情况，通常是在作装饰工程施工图预算时，按一般常规做法来确定人工、材料及机械台班费等。也就是说，目前的装饰工程预算，工程量的计算必须依据施工图及工程量计算规则所确定的工作内容；费用的计算只能按国家或所在地区的装饰预算定额、计算规定来进行。

严格地讲，装饰工程图应当应用《建筑制图标准》来表达装饰工程设计的施工图纸，但目前参与设计的人员来自各个行业，装饰领域宽阔，有搞建筑的、有搞美术的、有搞工艺等各行业人员都按照自己行业的习惯表达，有的只画透视图或者立面图，有的没有比例、没有构造做法，给施工及预算带来相当大的困难。希望不久的将来国家能出台装饰工程的制图标准。

二、文字说明

设计施工图中有些内容没必要用图线表示的，用文字说明即可，如常用做法在标准图集上已有的等。有些内容难以用图表达的需用文字说明，如砂浆的强度等级（用 M10、M5…表示）、混凝土的强度等级（用 C20、C25…表示）、色彩等。还有另一种特殊情况，就是用图线表示比较复杂而用文字说明较为简单明了的，则用文字说明，如建筑构造引出线，如图 4-1 所示。

三、识图要领

图样常被喻为工程的“语言”，弄懂工程图样是计算装饰工程工程量的基础和关键，必须熟练掌握。以下简要列述一些识图要领。

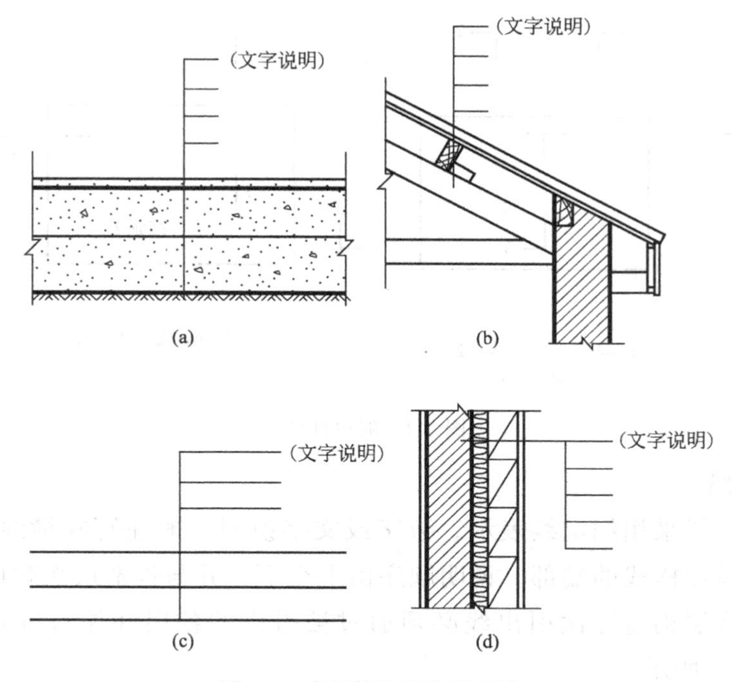

图 4-1　多层构造层次引出线

1. 定位轴线及其编号

轴线是确定房屋主要构件位置和尺寸的基准线——定位轴线。在平面图中，横向以阿拉伯数字①②③④…，从左至右顺序编号；竖向以大写拉丁字母Ⓐ Ⓑ Ⓒ Ⓓ…，从下至上进行编号（I、O、Z 除外）；附加轴线的编号用分数表示，如$\frac{1}{2}$、$\frac{1}{3}$…；通用详图的定位轴线，只画圆不注写轴线编号；轴线间距绝大多数都是 300mm 的倍数。

2. 剖切符号

由剖切位置线组成，用粗实短线表示。一般剖视方向宜向左、向上（如图 4-2 所示）。标注字母或数字的一侧为剖视方向。断（截）面剖切符号多表示在平面图上。

3. 索引符号与详图符号

图样中的某一局部或构件，如需另见详图，均用索引符号索引。

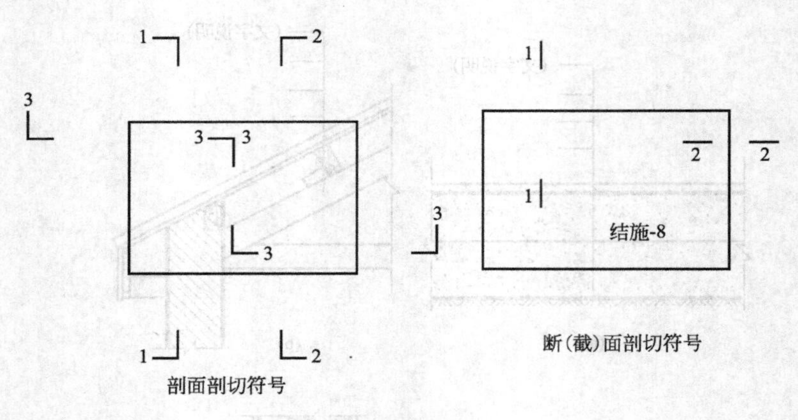

图 4-2　剖切符号

4. 引出线

引出线采用细实线表示。数字或文字说明一般注写在横线上方，也可注写在横线的端部。说明顺序由上至下，并与构造层次顺序相互一致。多层构造层次引出线必须通过被引出的各层并保持垂直方向（如图 4-1 所示）。

5. 尺寸单位

工程图中，尺寸单位一般用 mm（毫米）、标高用 m（米）表示，在图样上一般不加说明。如果图样中采用了其他尺寸单位，则必须加以说明。通常尺寸均应和轴线、标高线发生关系，以便定位（如图 4-3 所示）。

如要详细了解有关识图知识，请参阅现行的《房屋建筑制图统一标准》、《建筑制图标准》等有关章节。

四、主要施工图

房屋建筑的工程图主要包括：总说明、总平面图、建筑施工图（简称建施）、结构施工图（简称结施）、给排水施工图（简称水施）、采暖施工图（简称暖施）、通风空调施工图（简称风施）、电气施工图（简称电施）、设备工艺施工图（简称设施）等。

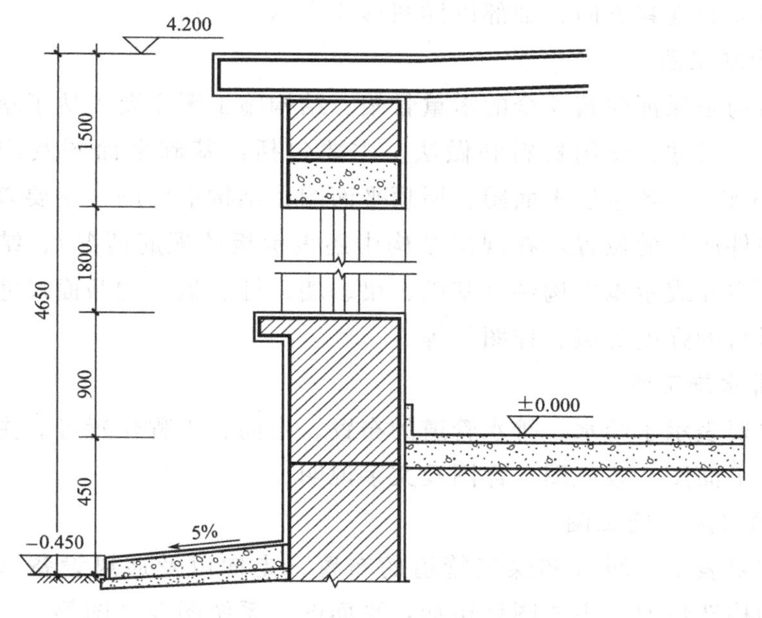

图 4-3 标高示意图

1. 建筑总平面图

总平面图表达了建筑物所在地理位置和周围环境的关系，主要确定拟建建筑物的平面位置、工程位置及与周围环境的关系。图上还表达了用指北针表示的建筑物朝向、图示比例、一些技术经济指标和文字说明。

2. 建筑施工图

主要表达拟建建筑物各部分空间使用功能关系和不同房间分布组合、规模、大小、各种尺寸、层高、层数、建筑内外造型、用材、各种名称、门窗和洞口的形状位置及编号，以及各部分详细的建筑构造做法。建筑施工图主要包括：总说明、总平面、门窗表、平面图、立面图、剖面图、施工详图、构造做法、用材等。

建筑室内装饰工程地面平面图用垂直各个地面的正投影的形式表示；顶棚平面图多以仰视的垂直各个顶棚的正投影表示；各墙面立面图以垂直各个墙面的正投影面表示；在平面图上常用符号“►”表

示各墙立面观察方向；细部以详图形式表示。

3. 结构施工图

结构是保证建筑安全的承重骨架。结构施工图主要表达了承重骨架类型、尺寸、使用材料和做法。主要包括：基础平面图及剖面图（不需装饰）、各楼层平面图、屋顶平面图、结构平面图（主要表示了结构构件所处的位置，在现浇结构中还表示板的配筋情况）、结构构件图［主要表示承重构件（基础、梁、墙、柱、板）的截面尺寸、配筋及材料的强度等级、详图］等。

4. 给排水施工图

主要表示了给水、排水管道的布置、走向、工程位置等。主要图样有：平面图、系统图、详图及文字说明。

5. 暖通（风）施工图

主要表示了暖气和煤气管道的布置、走向以及通风设备（如空调）的构造情况。主要图样包括：平面图、系统图及详图等。

6. 电气施工图

主要表示了电气的布置情况和室内电气设备及线路构造。图样包括：平面图、系统图、详图等。

7. 设备工艺施工图

主要表示了设备的布置情况和室内设备及线路构造。图样包括：平面图、系统图、详图等。

建筑平面图、立面图、剖面图、详图是装饰工程设计的具体对象，不然就无法在这些具体建筑构配件的表面敷设装饰材料，也就无法改变表面性能和配图涂色，无法构成形象等。预算应该且必须以这些图样作为基础。

平面图是一幢建筑的水平正投影，其中建筑底层平面图尤为重要。从平面图上可以看到建筑物的各个部位，如房间、楼梯、过道、门厅、门窗等的位置分布、大小、尺寸及相互关系，还可看出建筑物的平面外形、总长度、总宽度、墙厚和所用材料。一般来说，房屋有几层，就有几张平面图。如果其中楼层布置完全相同，则只用一张标准层图表示即可。因此房屋平面图至少应包括底层平面图、标准层平面图、顶层平面图、室内地面和顶棚装饰图。

至于其他专业的平面施工图，如给排水和暖通施工图，内容主要表达了各条管线的大小、走向、位置、数量及管沟的位置等，前面已讲过，这里不再赘述。

立面图是建筑物外部形象的投影图，一般有四个立面（也有人将屋面称为第五立面）。从立面图上，可以了解屋顶屋檐的形式、墙面情况、门窗形式及位置和数量、阳台、雨篷、墙面装饰线、图案、勒脚、散水、台阶、外柱等装饰，以及整个建筑物的体量、尺度、错落、虚实、对比、韵律、比例、色彩等。立面图分为东立面、南立面、西立面、北立面图，还可以命名为正立面、侧立面、背立面图。通常，建筑外装饰工程及室内各墙面施工图用立面图形式表达。

剖面图是沿建筑物竖向剖切并朝某方向投影的立面图。剖切符号一般表示在底层平面图上（常用Ⅰ—Ⅰ、Ⅱ—Ⅱ等表示），观察方向是标注字母的一侧。从剖面图上可以看出建筑物的层数、每层的层高、房间的高度和宽度；屋面、楼层和地面的标高、构造层次、材料做法以及内部的设施；门窗的高度、窗台的高度、门窗过梁或圈梁的位置及做法；楼梯的形式、踏步、休息平台和栏杆、扶手的构造形式及做法等；室内外墙面构造、室内吊顶及门窗等部位的构造详图通常用剖面图表达。

详图（或叫大样图）及引用的标准图，是当用较小比例画的建筑某一部位的材料、做法与尺寸难以表达清楚时，往往将其用较大比例来表示。通常用比例1：1、1：2、1：5、1：10等，如勒脚、踢脚、窗台、窗套、窗帘盒、门套、贴脸、暖气罩、挂镜线、线角、檐口、泛水、排水口、台阶、花饰等部位。但并非所有图纸都需要绘制，工程做法中，有些习惯做法基本一致者，国家和一些省市编制了许多可供直接选用的标准图集，设计者只要在图纸上标明采用哪一个标准图的图号即可，这样就大大简化了设计工作。

目前，标准图集大致分为3种类型：①国家编制的标准图集，适用于全国。②省、市、自治区制定的标准图集，适用于本地区。③设计院内部制定的标准图集，只适用于设计院自身设计的工程项目。在向业主提供设计施工图时，应将所选图集提供给业主。

第三节 建筑面积计算规则

建筑面积计算规则按《全国统一建筑工程基础定额》（GJD-101—2000）执行，具体内容如下。

一、计算建筑面积的范围

（1）单层建筑物不论其高度如何，均按一层计算建筑面积。其建筑面积按建筑物外墙勒脚以上结构的外围水平面积计算。单层建筑物内设有部分楼层者，首层建筑面积已包括在单层建筑物内，二层及二层以上应计算建筑面积。高低联跨的单层建筑物，需分别计算建筑面积时，应以结构外边线为界分别计算。

（2）多层建筑物建筑面积，按各层建筑面积之和计算，其首层建筑面积按外墙勒脚以上结构的外围水平面积计算，二层及二层以上按外墙结构的外围水平面积计算。

（3）同一建筑物如结构、层数不同时，应分别计算建筑面积。

（4）地下室、半地下室、地下车间、仓库、商店、车站、地下指挥部等及相应的出入口建筑面积，按其出入口外墙（不包括采光井、防潮层及其保护墙）外围水平面积计算。

（5）建于坡地的建筑物利用吊脚空间设置架空层和深基础地下架空层设计加以利用时，其层高超过 2.2m，按围护结构外围水平面积计算建筑面积。

（6）穿过建筑物的通道及建筑物的门厅、大厅，不论其高度如何均按一层建筑面积计算。门厅、大厅内设有回廊时，按其自然层的水平投影面积计算建筑面积。

(7) 室内楼梯间、电梯井、提物井、垃圾道、管道井等均按建筑物的自然层的水平投影面积计算建筑面积。

(8) 书库、立体仓库设有结构层的，按结构层计算建筑面积，没有结构层的，按承重书架层或货架层计算建筑面积。

(9) 有围护结构的舞台灯光控制室，按其围护结构外围水平面积乘以层数计算建筑面积。

(10) 建筑物内设备管道层、储藏室，其层高超过 2.2m 时，应计算建筑面积。

(11) 有柱的雨篷、车棚、货棚、站台等，按柱外围水平面积计算建筑面积；独立柱的雨篷和单排柱的车棚、货棚、站台等，按其顶盖水平投影面积的一半计算建筑面积。

(12) 屋面上部有围护结构的楼梯间、水箱间、电梯机房等，按围护结构外围水平面积计算建筑面积。

(13) 建筑物外有围护结构的门斗、眺望间、观光电梯间、阳台、橱窗、挑廊、走廊等，按其围护结构水平面积计算建筑面积。

(14) 建筑物外有柱和顶盖的走廊、檐廊，按柱外围水平面积计算建筑面积；有盖无柱的走廊、檐廊挑出墙外宽度在 1.5m 以上时，按其顶盖投影面积一半计算建筑面积。无围护结构的凹阳台、挑阳台，按其水平面积一半计算建筑面积。建筑物间有顶盖的架空走廊，按其顶盖水平投影面积计算建筑面积。

(15) 室外楼梯按自然层投影面积之和计算建筑面积。

(16) 建筑物内变形缝、沉降缝等，缝宽在 300mm 以内者，均依其缝宽按自然层计算建筑面积，并入建筑物建筑面积之内计算。

二、不计算建筑面积的范围

(1) 突出外墙的构件、配件、附墙柱、垛、勒脚、台阶、悬挑雨篷、墙面抹灰、镶贴块材、装饰面等。

(2) 用于检修、消防等室外爬梯。

(3) 层高 2.2m 以内设备管道层、储藏室、设计不利用深基础的架空层及吊脚架空层。

(4) 建筑物内操作平台、上料平台、安装箱或罐体平台；没有围护结构的屋顶水箱、花架、凉棚等。

(5) 独立烟囱、烟道、地沟、油（水）罐、气柜、水塔、储油（水）池、储仓、栈桥、地下人防通道等构筑物。

(6) 单层建筑物内分隔单层房间；舞台及后台悬挂的幕布、布景天桥、挑台。

(7) 建筑物内宽度大于 300mm 的变形缝、沉降缝。

三、其他

(1) 建筑物与构筑物连接成一体的，属建筑物部位按本规则前二部分之规定计算。

(2) 本规则适用于地上、地下建筑物的建筑面积计算，如遇有上述未尽事宜，可参照上述规则办理。

第四节 《上海市建筑和装饰工程预算定额》(2000) 的装饰部分定额

一、楼地面工程

楼地面工程分 5 节，共 156 个子目。

1. 主要特点

垫层、找平层中的子目既适用于楼地面，又适用于基础。

整体面层中包括水泥砂浆、细石混凝土和水磨石等整体面层子目，还有与其配套使用的子目，如整体面层踢脚线、金属嵌条、楼梯防滑条、地沟及盖板等。定额中各类整体面层子目已包括找平层。

块料面层中大理石和花岗岩考虑成品铺贴，地砖铺贴子目以周长为标准，套用相应定额子目，各类块料面层中的子目均未包括找平层和踢脚线。

（1）大理石及花岗岩　按施工部位可分为楼地面、踢脚线、楼梯、台阶及零星项目；按施工方法可分为用水泥砂浆铺贴和用胶黏剂铺贴。

（2）彩釉地砖　按施工部位可分为楼地面、踢脚线、楼梯及台阶，其中楼地面又按不同周长分为 800mm 以内、1200mm 以内及 1200mm 以外 3 类；按施工方法可分为水泥砂浆铺贴和用胶黏剂铺贴。

（3）陶瓷锦砖　按施工部位可分为楼地面、踢脚线、台阶及零星项目；按施工方法可分为用水泥砂浆铺贴和用胶黏剂铺贴。

（4）红缸砖　按施工方法可分为水泥砂浆铺贴、用胶黏剂铺贴和用沥青铺贴 3 种。其中用水泥砂浆铺贴分 5 种不同的施工部位，楼地面、踢脚线、楼梯、台阶及零星项目；用胶黏剂铺贴的分 2 种不同的施工部位，楼地面和踢脚线；用沥青铺贴的由于使用较少，仅考虑一种施工部位，即楼地面。各种铺贴方法中除用沥青铺贴外，均考虑到施工实际情况，分为稀铺和密铺 2 种。

（5）镭射玻璃地砖　按施工部位可分为楼地面及零星项目；按施工方法可分为用水泥砂浆铺贴和用玻璃胶（硅胶）粘贴。

（6）方整石和混凝土彩板　按施工方法可分用水泥砂浆铺贴和用黄沙结合层铺贴。

（7）广场砖　采用水泥砂浆铺贴。

（8）木地板　木地板铺设分别编制了木搁栅、毛地板和木地板面层子目，可按设计要求组合或选用。木地板面层中主要考虑了硬木企口地板和木地板砖 2 种，其中硬木企口地板按施工方法分为直铺和席纹，按不同的基层可分为在木楞和在毛地板上施工。其余面层还有铝质防静电活动地板、木质防静电地板、块材 PVC 地板、卷材 PVC 地板、复合地板等。

(9) 地毯　包括有胶垫楼地面地毯、无胶垫楼地面地毯、无胶垫楼梯地毯、楼梯踏步地毯压辊及楼踏步地毯压板铺设等。

栏杆、扶手中按材质分为3类扶手，即不锈钢扶手、铝合金扶手及木质扶手，按式样可分为靠墙型和非靠墙型。所有扶手的弯头均单列按只计算工程量，分不同的材质套用相应定额子目。

2. 定额说明

(1) 混凝土强度等级、炉（矿）碴混凝土等的配合比与设计规则不同时应予换算。

(2) 水泥砂浆整体面层定额已包括踢脚线，其余各类整体面层、块料面层均未包括踢脚线，应套用相应踢脚线定额子目。

(3) 整体面层定额已包括找平层，块料面层定额未包括找平层。

(4) 混凝土垫层为有筋垫层时，钢筋套用第四章相应定额子目。

(5) 现浇水磨石及块料面层定额内均未包括酸洗打蜡，应套用相应定额子目。

(6) 水磨石面层定额内未含有分格条嵌条，可套用相应定额子目。如遇弧形嵌条时，其弧形嵌条部分人工乘以系数1.1。

(7) 水泥砂浆、水磨石楼梯、台阶的定额中未包括防滑条，防滑条工程可套用相应定额子目。水泥砂浆楼梯面层定额已包括踢脚线、底面抹灰、刷石灰浆。水磨石、块料楼梯面层定额未包括楼梯底面、侧面及靠墙踢脚线。

(8) 块料面层铺贴定额子目已包括块料直边切割费用，未包括异形切割及磨边。如设计要求镶边或不同规格块料拼色者，其镶边和拼色部分人工乘以系数1.2。

(9) 广场砖铺贴环形及菱形者，其人工乘以系数1.2。

(10) 螺旋形楼梯的块料装饰，按相应定额子目的人工与机械乘以系数1.2，块料用量乘以系数1.1，栏杆、扶手材料用量乘以系数1.05。

(11) 块料踢脚线定额高度为150mm。

(12) 木地板基层与地板面层应分别套用相应定额子目。

（13）栏板、扶手定额高度为900mm，扶手定额未包括弯头制作，应另套用相应定额子目。

（14）散水、台阶的垫层套用相应定额子目。

（15）零星项目适用于水盘脚、砖砌花坛等零星小面积项目。

（16）地毯定额不包括踏步的压辊、压板，另套用相应定额子目。

（17）明沟定额已包括挖土、垫层。

3. 工程量计算规则

（1）地面垫层按室内主墙间净面积乘以设计厚度，以立方米（m^3）计算，计算时应扣除凸出地面的构筑物、设备基础、地沟等所占体积，不扣除柱、垛、间壁墙、附墙烟囱及面积在0.3m^2以内孔洞所占体积。

（2）整体面层、找平层均按主墙间净面积以平方米（m^2）计算，计算时应扣除凸出地面的构筑物、设备基础、地沟等所占面积，不扣除柱、垛、间壁墙、附墙烟囱及面积在0.3m^2以内孔洞所占面积，但门洞、空圈、暖气包槽、壁龛的开口部分亦不增加。

（3）块料面层按图示尺寸实铺面积m^2计算，门洞、空圈、包槽和壁龛的开口部分的工程量并入相应的面层内计算。

（4）楼梯面层（包括踏步、休息平台以及小于500mm宽的楼梯井）按水平投影面积计算。

（5）台阶面层（包括踏步及最上面一层踏步外沿加300mm）按水平投影面积计算。

（6）木楼板基层、地板及地毯均按图示尺寸实铺面积m^2计算，计算时应扣除0.3m^2以上孔洞所占的面积。地毯铺贴踏步压辊以套计算，压板以延长米计算。

（7）其他

① 踢脚线按实际长度延长米计算。

② 散水、防滑坡道按图示尺寸m^2计算。

③ 栏杆、扶手包括弯头长度按延长米计算，扶手弯头制作按个计算。

④ 金属嵌条及防滑条按设计长度，以延长米计算。

⑤ 明沟按图示尺寸，以延长米计算。

⑥ 地面分仓缝按图示尺寸，以延长米计算。

4. 工程量计算题例

【例 4-1】 计算图 4-4 所示的水磨石地面的工程量。

解：按整体面层工程量计算规定，整体面层按主墙间净面积以 m^2 计算。

A、B 房间工程量＝(2.94－0.12)×(4－0.24)＝10.603m^2

C 房间工程量＝(6－0.24)×(4－0.24)＝21.658m^2

门洞口工程量＝0.9×(0.24＋0.12)＝0.324m^2

总工程量＝10.603＋21.658＋0.324＝32.585m^2

注：C 房间柱面积＜0.3m^2，不用扣。

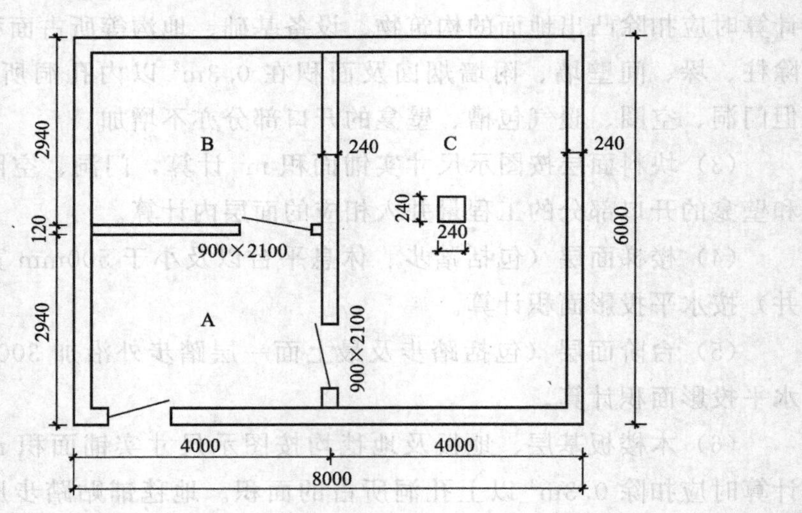

图 4-4 水磨石地面示意图

【例 4-2】 计算图 4-5 所示的大理石地面的工程量、人工用量、材料用量、机械台班消耗量。

解：大理石地面工程量按实铺面积计算

工程量＝(6－0.24)×(6－0.24)＝33.18m^2

人工用量：

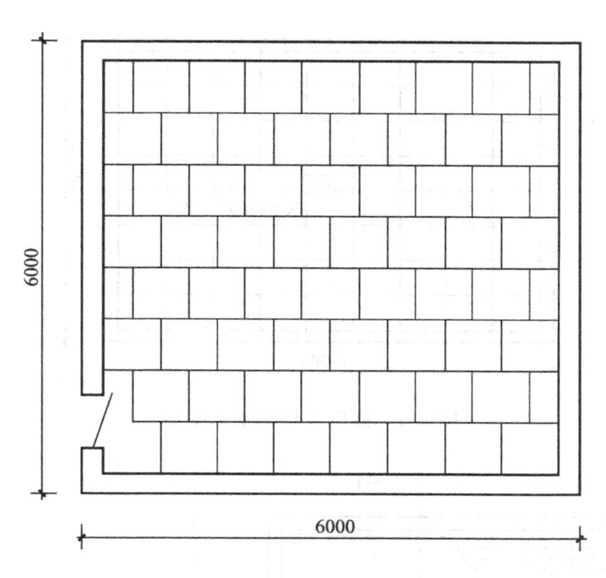

图 4-5　大理石地面示意图

抹灰工工日为：33.18×0.1618=5.369 工日

其他工工日为：33.18×0.0443=1.470 工日

总人工工日为：5.369+1.470=6.839 工日

材料用量：

厚 20mm 的大理石面板：33.18×1.02=33.844m^2

1∶1 水泥砂浆：33.18×0.0051=0.169m^3

白水泥：33.18×0.103=3.418kg

素水泥浆：33.18×0.001=0.033m^3

石料切割锯片：33.18×0.0035=0.116 片

机械台班消耗量：

灰浆搅拌机 200L：33.18×0.0009=0.030 台班

石料切割机：33.18×0.014=0.465 台班

【例 4-3】 计算图 4-6 所示的镭射玻璃地面工程量。

解：块料面层以实铺面积计算（应扣除柱的面积）。

工程量=(10−0.24)×(9−0.24)−0.5×0.5=85.25m^2

【例 4-4】 计算图 4-7 所示的木地板工程量。

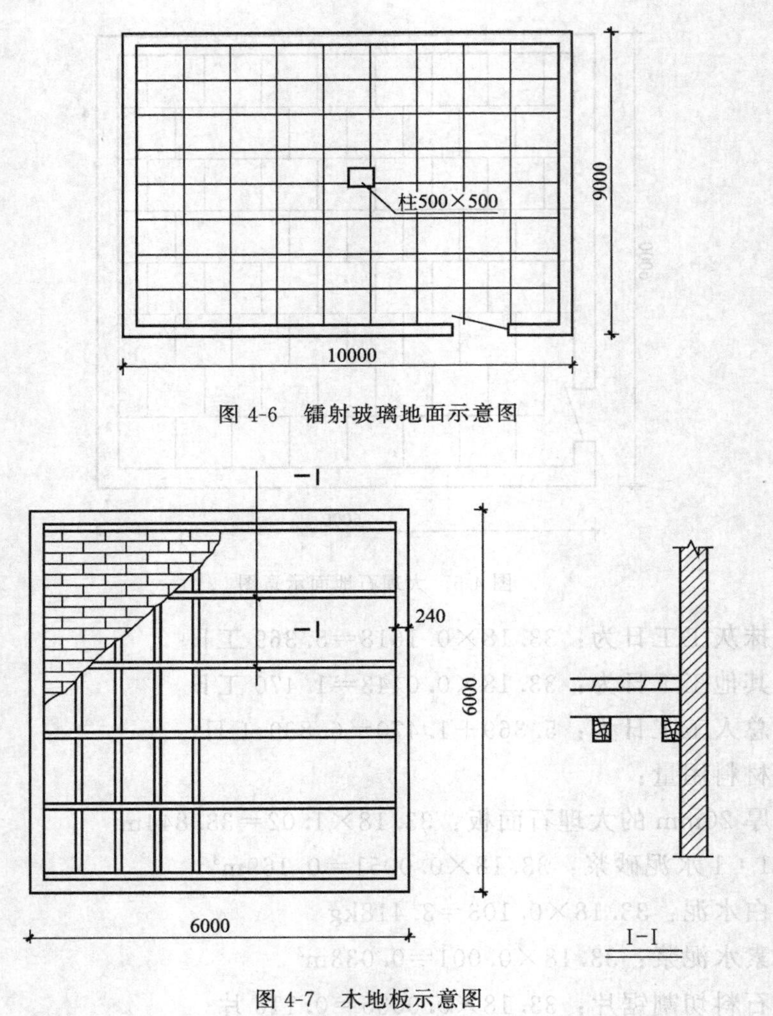

图 4-6 镭射玻璃地面示意图

图 4-7 木地板示意图

解：按木地板工程量的计算规则，在（2000）定额中，木地板的基层、毛地板、面层地板是分别计算工程量的。

木地板面层工程量＝(6－0.24)×(6－0.24)＝33.18m²

木地板毛地板工程量＝33.18m²

木地板榈栅基层工程量＝33.18m²

【例 4-5】 计算图 4-8 所示的地毯地面工程量。

解：地毯地面工程量以房间实铺面积计算。

A 房间工程量＝(7－0.24)×(4.5－0.24)＝28.798m^2

B 房间工程量＝(3.5－0.24)×(5－0.24)＝15.518m^2

C 房间工程量＝(3－0.24)×(3.5－0.24)＝8.998m^2

D 房间工程量＝(4－0.24)×(7－0.24)＝25.418m^2

总工程量＝28.798＋15.518＋8.998＋25.418＝78.73m^2

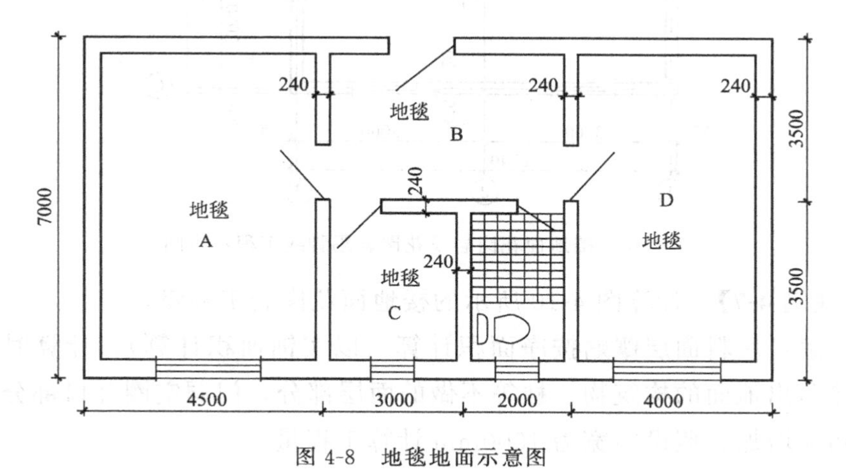

图 4-8　地毯地面示意图

【例 4-6】 计算图 4-9 所示的防静电楼地板工程量。

解：防静电楼地板按净面积计算。

工程量＝(3－0.24)×2×(5－0.24)＋0.9×0.24＝26.47m^2

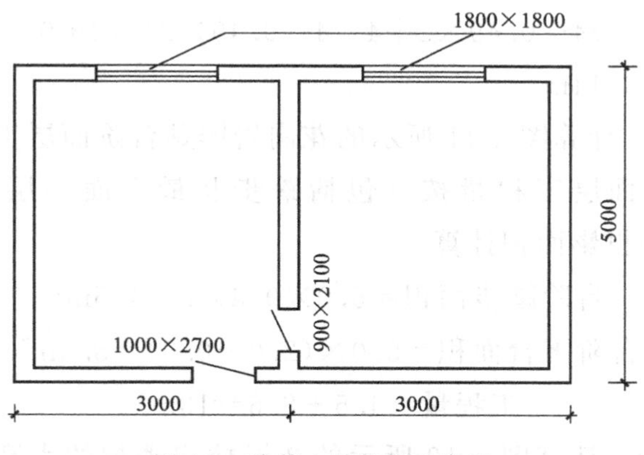

图 4-9　防静电楼地板示意图

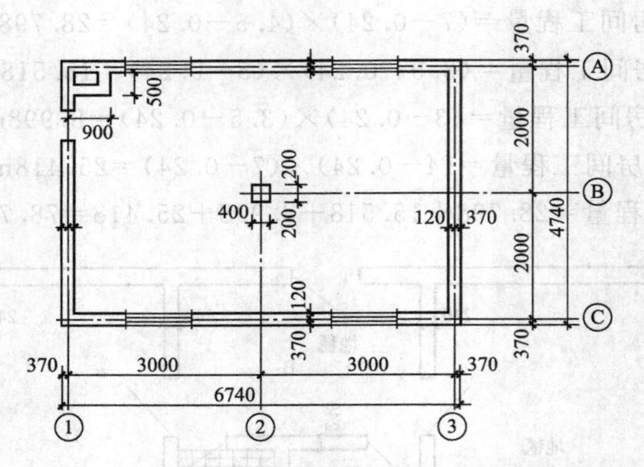

图 4-10 楼地面花岗岩及花岗岩踢脚线工程示意图

【例 4-7】 计算图 4-10 所示的楼地面花岗岩工程量。

解：块料面层镶贴按净面积计算（以实铺面积计算），计算时应扣除凸出地面的构筑物、柱等不做的面层部分，门洞空圈开口部分也应相应增加。假设门宽为 1000mm 计算工程量。

工程量＝(6.74－0.49×2)×(4.74－0.49×2)－0.9×0.5－0.4×0.4＋0.49×1＝21.54m²

【例 4-8】 计算图 4-10 所示的花岗岩踢脚线工程量。

解：踢脚线按实际长度以延长米计算。

工程量＝(6.74－0.49×2＋4.74－0.49×2)×2＋0.4×0.4－1＝20.14m

【例 4-9】 计算图 4-11 所示的花岗岩镶贴台阶面层工程量。

解：台阶面层工程量按（包括踏步及最上面一层踏步外沿加 300mm）水平投影面积计算。

台阶踏步面积＝5.0×0.3×3＝4.5m²

台阶平台面积＝5.0×(2.0－0.3)＝8.5m²

工程量＝4.5＋8.5＝13m²

【例 4-10】 计算图 4-12 所示的 3 层楼房楼梯的水磨石面层、铜条防滑条工程量。楼梯踏步宽度为 300mm。

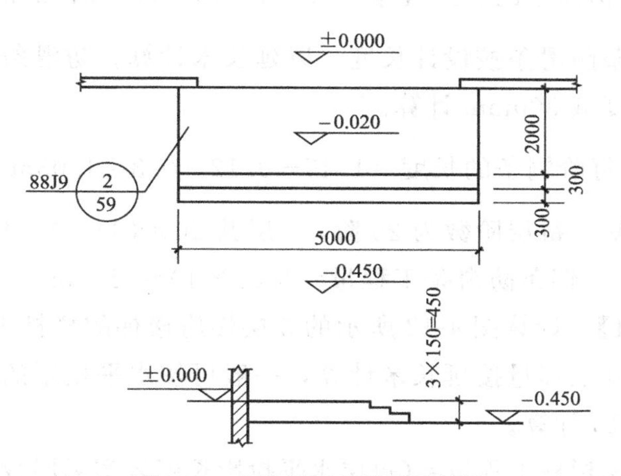

图 4-11　台阶平面与侧面示意图

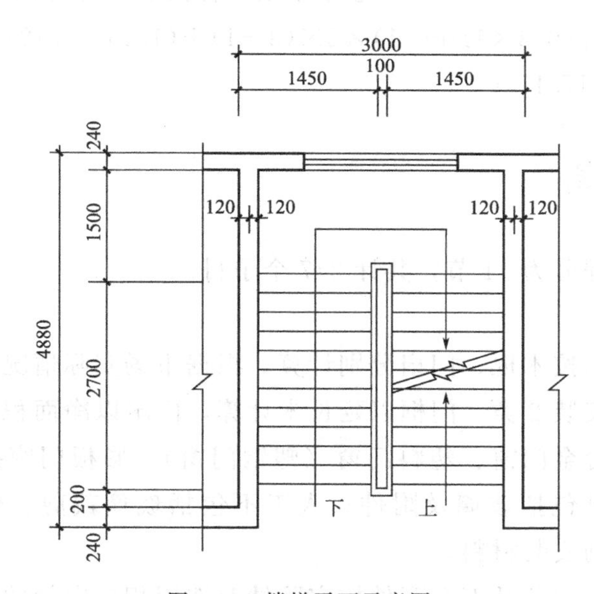

图 4-12　楼梯平面示意图

解：楼梯面层按水平投影面积计算。

每层楼梯面层的工程量＝(3.0－0.24)×(3.5＋2.7＋0.3＋0.24)

＝18.60m^2

楼梯面层的总工程量＝(3－1)×18.60＝37.20m^2

楼梯铜条防滑条按设计长度，以延长米计算。防滑条长度一般按楼梯踏步长度减300mm计算。

每阶铜条的长度＝1.45－0.12－0.3＝1.03m

读图可知，每层阶数为20阶，3层共20×(3－1)＝40阶。

铜条防滑条工程量＝1.03×40＝41.2m

【例4-11】 计算图4-12所示的3层楼房楼梯的栏杆工程量。

解：栏杆工程量按延长米计算，一般可按水平投影的总长度乘以斜长系数1.15计算。

楼梯栏杆工程量＝(每层水平投影长度×实际层数＋顶层水平段栏杆扶手)×斜长系数

工程量＝[(0.3×11＋0.1)×2×(3－1)＋(1.45－0.12)]×1.15
＝17.17m

二、门窗工程

门窗工程分为11节，共计247个子目。

1. 主要特点

（1）木门按木框、门扇分别计算。根据市场实际情况分现场制作安装与制品安装2类。门框以延长米计算，门扇以净面积计算。

（2）铝合金门窗、塑料门窗（塑钢门窗）、彩板门窗按制品安装计列；制品已包括玻璃及附件；人工不包括玻璃裁剪、玻璃运输人工；材料只列安装材料。

（3）五金安装及五金配件按实际情况选用相应定额的子目。

2. 定额说明

（1）本章定额分为制品安装和现场制作安装2类。

（2）本章定额中的木材树种均以一、二类树种为准，如采用三、四类树种时，分别按相应定额子目的人工和机械乘以下列系数：木门窗制作×1.3；木门窗安装×1.16；其他项目×1.35。

(3) 各类木门的区分如下。

① 全部用冒头结构镶木板或夹板的为“镶板门扇”。

② 二冒以下或丁字中冒，上部装玻璃、带玻璃棱，下部镶板的为“半截玻璃门扇”。

③ 无中冒或带玻璃棱（芯子）全部装玻璃的为“全玻璃门扇”。

④ 上、下冒头或带一根中冒头直装板，板面起三角槽的为“拼板门扇”。

(4) 木门框定额分为有亮门框和无亮门框2类，有亮门框定额已包括亮子。定额中木门框断面分别为（52mm×90mm）和（52mm×145mm）2种，若设计与定额不同时，应按比例换算。换算公式如下。

设计断面/定额净断面×定额消耗量

(5) 各类门窗制品未包括玻璃，门窗安装定额中已包括玻璃及玻璃安装辅料的用量。

(6) 镜面不锈钢包门框，定额子目中木龙骨为40mm×45mm、钢龙骨为45mm×4mm。

(7) 铝合金门窗、彩钢板门窗、塑钢门窗和钢门窗定额中已包括五金配件安装。

(8) 铝合金门窗、彩钢板门窗、塑钢门窗定额均采用制品，制品单价中已包括玻璃安装人工及材料费用，人工及材料费用不另外计算。

(9) 五金配件表中的消耗量为五金材料消耗量。五金安装人工消耗量已计入相应安装子目。

3. 工程量计算规则

(1) 各类有框门窗除另有说明外，均按门窗洞口面积计算（以平方米计算）。若为凸出墙面的圆形、弧形、异形门窗，均按展开面积计算。

(2) 实拼式、框架式防火门均按门扇净面积计算。

(3) 各类无亮木门扇均按门扇净面积计算。有亮木门扇按门扇和亮扇净面积之和计算（注：①框、扇分别计算以后，框的断面积是个变量，因此木门扇面积也发生变化，按砖口尺寸计算框扇系数与实际使用量有较大出入。②一般木门框留有铲口，木门扇计算工程量时包括铲口部分）。

(4) 各类木门框均按门框的上框、边框及中竖框之和计算（以延长米计算）。有亮木门框计算工程量时不能再计算中横框（亮子）用量。

(5) 门边带窗者，应分别计算，门宽度算至门框外口尺寸。

(6) 普通窗上部带有半圆窗时，应以普通窗和半圆窗之间的横框上裁口线为界，分别计算。

(7) 全玻璃地弹簧门按设计洞口面积（包括固定扇）计算；无框玻璃门应按设计门扇净面积计算；无框固定扇按设计洞口面积套侧亮定额子目计算。

(8) 铝合金卷帘门按卷帘门的实际高度乘实际宽度计算；电动装置按套计算；卷帘门有小门以个计算。

(9) 镜面不锈钢、铜皮等装饰材料包门框，均按门框外表展开面积计算。

(10) 钢窗密闭框按装置范围的砖口面积计算。

(11) 特种门扇安装所用的混凝土块以及支承屋架的混凝土，均按第四章现浇零星构件或预制零星构件计算。

(12) 五金安装按设计要求分别以把、个、副、组等计算；五金配件均按樘计算。

4. 工程量计算题例

【例 4-12】 计算图 4-13 所示的铝合金门工程量。

解：铝合金门的工程量应按门洞口面积（m^2）计算。

带上亮的铝合金门工程量＝2.7×1.5＝4.05m^2

【例 4-13】 计算图 4-14 所示的铝合金窗工程量。

解：铝合金门的工程量应按门洞口面积（m^2）计算。

带上亮的铝合金窗工程量＝2.5×2＝5m^2

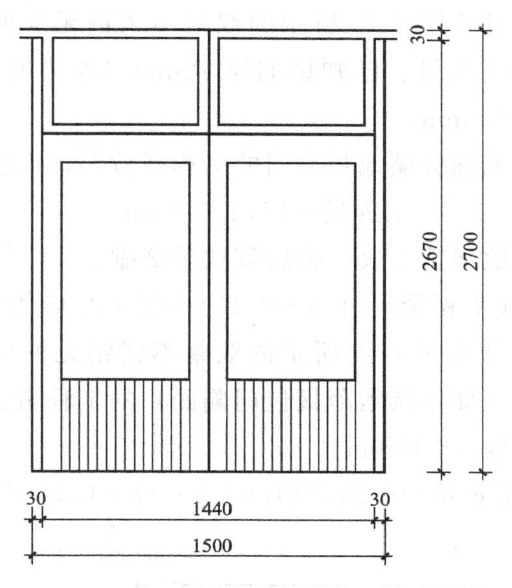

图 4-13　铝合金门示意图

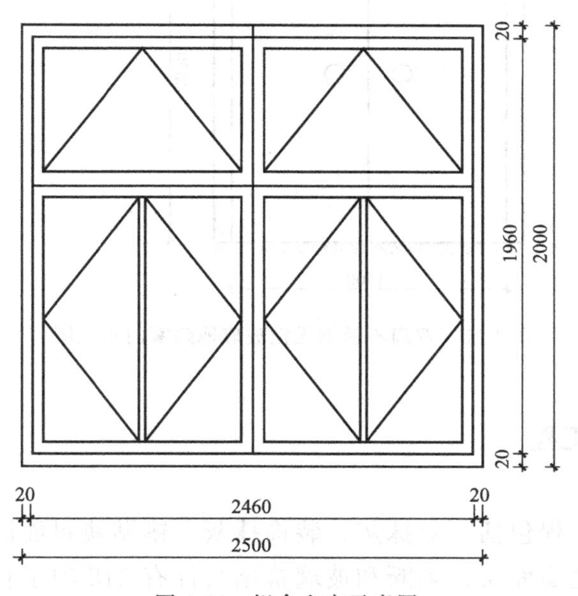

图 4-14　铝合金窗示意图

【例 4-14】 计算图 4-15 所示的双扇不锈钢无框玻璃地弹簧门及大理石门套线的工程量。已知玻璃厚 12mm（浮法玻璃），其洞口尺寸为 500mm×2000mm。

解：不锈钢无框玻璃地弹簧门的工程量按洞口面积计算。

$$工程量=2\times1.5=3m^2$$

另外，还需地弹簧 2 只；金属管拉手 2 副。

$$大理石门套线工程量=(1.5+0.15)+(2+0.15/2)\times2=5.8m$$

【例 4-15】 计算图 4-15 所示的双扇不锈钢无框玻璃地弹簧门门框包不锈钢薄板（即不锈钢薄板包门侧面）的工程量。

解：设墙厚度为 240mm

$$工程量=0.24\times(1.5+2+2)=1.32m^2$$

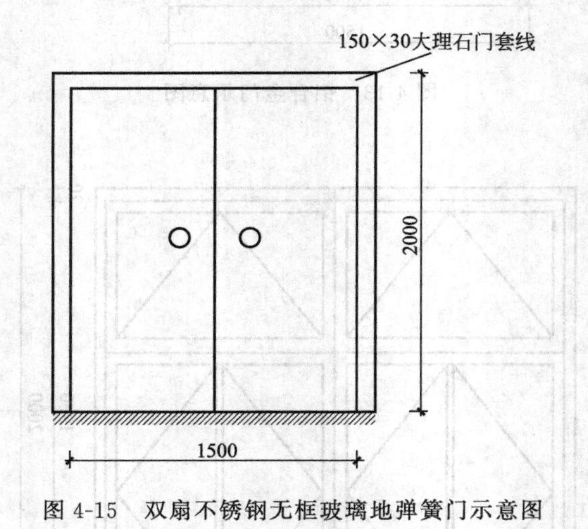

图 4-15 双扇不锈钢无框玻璃地弹簧门示意图

三、墙柱面工程

墙柱面工程包括一般抹灰、装饰抹灰、镶贴块料面层、墙柱面龙骨基层、墙柱面面层、隔断和玻璃幕墙共计有 215 项子目。

1. 主要特点

（1）墙柱面抹灰不分砖墙和混凝土墙。

（2）墙柱面块料均以周长划分规格。

① 无釉面砖分为400mm以内和400mm以外2种。

② 瓷砖分为600mm以内和600mm以外2种。

③ 假麻石砖规格取定为197mm×76mm。

④ 金属面砖规格取定为240mm×60mm。

⑤ 挂贴大理石、花岗石的工艺为先做钢筋网，电焊固定安装，用铜丝绑扎固定，后用1∶2.5水泥砂浆调整到30mm厚，板材规格取定为500mm×500mm×20mm。

⑥ 干挂大理石、花岗石的工艺采用膨胀螺栓固定，用不锈钢连接件吊挂，并用大力胶密封膨胀螺栓，板材规格取定为600mm×600mm×20mm。

⑦ 大理石、花岗石的酸洗打蜡另列子目计算。

（3）墙柱面龙骨基层与面层均分开计算。

① 墙面木基层和面层均分开列为子目，木龙骨按照不同的木料断面和中距列项，木龙骨断面规格取定7.5cm^2（木料25mm×35mm）以内、13cm^2（木料30mm×40mm）以内、20cm^2（木料45mm×45mm）以内、30cm^2（木料50mm×50mm）以内、45cm^2（木料60mm×65mm）以内5种，中距列项取定为30cm以内、40cm以内、45cm以内、50cm以内4种，横向龙骨间距均为50cm。

② 墙面轻钢龙骨基层与面层分开列项，轻钢龙骨断面尺寸为75mm×50mm，龙骨中距为400mm与600mm，横向龙骨的间距为150mm，根据实际情况和施工要求，应增加穿芯龙骨、加强筋和沿地龙骨的消耗量。

③ 墙面铝合金龙骨的断面尺寸为60mm×30mm，间距为500mm。

④ 柱分木龙骨基层和钢龙骨基层，不包括基层以上的夹板和饰面含量。面层均称为胶合板，具体材料根据设计选用，人工按此定额执行。其中圆柱面基层的木龙骨断面规格取40mm×45mm，纵横向间距均为450mm；钢龙骨基层的纵向龙骨为角钢∠63mm×40mm×

4mm，间距均为 450mm，横向龙骨为扁钢 63mm×4mm，间距为 880mm。

⑤ 石膏板隔断分别按轻钢龙骨基层或木龙骨基层及石膏板面层定额子目组成；硬木玻璃隔断分为全玻璃隔断和半玻璃隔断（其中全玻璃隔断的高度以上横档顶面到下横档底面为准，宽度按两边立挺外边计算，立挺的断面尺寸为 45mm×60mm，骨架间距为 800mm；半玻璃隔断是指上部为玻璃隔断，下部为砖墙或其他隔断，立挺的断面尺寸为 45mm×32mm）；铝合金扣板隔断的铝合金龙骨的断面尺寸为 76.2mm×44.5mm，龙骨间距为 500mm；铝合金玻璃板隔断的铝合金龙骨的断面尺寸为 101.6mm×44.5mm，龙骨间距为 1000mm。

⑥ 玻璃幕墙分隐框玻璃幕墙、半隐框玻璃幕墙、明框玻璃幕墙和开启窗框 4 种。

2. 定额说明

（1）墙柱面抹灰及镶贴块料面层说明。

① 本章内墙面抹灰砂浆按中级为准。

② 块料面层定额均包括抹灰找平及装饰面的结合层。

③ 圆弧形、锯齿形、复杂不规则的墙面抹灰、镶贴块料饰面，按相应定额子目人工乘以系数 1.15。

④ 外墙贴块料釉面砖、劈离砖和金属面砖定额分密铺和稀铺，勾缝套用相应定额子目。

⑤ 块料镶贴和抹灰的“零星项目”适用于挑檐、天沟、腰线、窗台板、门窗套、压顶、栏板、扶手、遮阳板、雨篷周边、楼梯侧面、池槽、花台及抹灰面展开宽度 300mm 以上的线条抹灰。

⑥ 装饰线条适用于门窗套、挑檐口、腰线、压顶、遮阳板、楼梯边梁、边框凸出墙面或抹灰面展开宽度在 300mm 以内的竖、横线条抹灰。

⑦ 花岗石、大理石块料面层均为成品安装。定额未包括切割和磨异形边及 45°角切割和磨圆口边的人工及机械。

（2）墙柱面木装饰说明。

① 墙柱面木装饰定额中木材种类除注明外，均以一、二类树种为准，如采用三、四类树种，其人工、机械乘系数1.3。

② 饰面隔墙、隔断木基层定额均未包括压条、收边线饰线（板）及刷防火涂料。

(3) 玻璃幕墙说明。

① 玻璃幕墙上设计平开窗、推拉窗时，应套用第六章相应定额子目。

② 玻璃幕墙定额未包括防火棉、保温棉。

③ 玻璃均以工厂制品安装为准，如现场制作时，玻璃可增加15%的制作损耗。

3. 工程量计算规则

墙柱面抹灰、镶贴块料面层及墙柱面的木装饰、玻璃幕墙的计算规则如下。

(1) 墙柱面抹灰。

① 内墙抹灰按主墙间净长乘以高度以平方米计算。应扣除门窗洞口和空圈所占的面积，不扣除踢脚板及0.3m^2以内孔洞和墙与构件交接处的面积，洞口侧壁和顶面亦不增加。墙垛和附墙烟囱侧壁面积与内墙抹灰工程量合并计算。

② 内墙面抹灰高度确定规则如下。

a. 无墙裙的，其高度按室内地面或楼面至上层楼板底面之间距离计算。

b. 有墙裙的，其高度按墙裙顶至上层楼板底面之间距离计算。

c. 有天棚的，其高度按室内地面或楼面至天棚底面另外加100mm计算。

③ 内墙裙抹灰按内墙净长乘以高度以平方米计算。计算时应扣除门窗洞口和空圈所占的面积。门窗洞口和空圈的侧壁面积不另增加，墙垛、附墙烟囱侧壁面积并入墙裙抹灰面积内计算。

④ 外墙抹灰按外墙面的垂直投影面积以平方米计算。计算时应扣除门窗洞口、外墙裙和0.3m^2以上孔洞所占的面积。门窗洞口、

空圈侧壁及附墙垛、梁、柱侧面抹灰面积并入外墙面抹灰工程量内计算。

⑤ 外墙裙抹灰按设计长度乘以高度以平方米计算，应扣除门窗洞口和 0.3m^2 以上孔洞所占的面积，洞口侧壁抹灰并入外墙裙抹灰工程量内计算。

⑥ 水泥砂浆抹灰如带有装饰线条者，3 道线以内为简单线条，3 道线以外为复杂线条，均以平方米计算。

⑦ 石灰砂浆抹窗台线、门窗套、挑檐、腰线等展开宽度在 300mm 以内者，按装饰线条以延长米计算，展开宽度在 300mm 以上者，按零星抹灰以展开面积计算。

⑧ 独立柱抹灰按结构断面周长乘以净高以平方米计算。独立柱及烟囱勾缝按图示尺寸展开面积以平方米计算。

⑨ 界面处理剂、混凝土面凿毛按实际面积以平方米计算。

(2) 镶贴块料面层。

① 墙面贴块料面层均按饰面面积计算。

② 墙裙按饰面面积计算，其高度按 1500mm 以内为准，1500mm 以外时按墙面计算。墙裙高度在 300mm 以内者，按踢脚板定额计算。

③ 独立柱按柱外围块料饰面面积以平方米计算。

④ 瓷砖腰带、阴阳角条、压顶线按饰面长度计算。

(3) 墙柱面木装饰。

① 龙骨基层、面层均按图示尺寸长度乘以高度按实铺面积以平方米计算。

② 全玻璃隔断按上横档顶面至下横档底面之间的高度乘以宽度(两边立挺外边线之和) 以平方米计算。

③ 半玻璃隔断其工程量按半玻璃设计边框外边线为界，分别按不同材料以平方米计算。

④ 玻璃砖隔断按玻璃砖格式框外围面积以平方米计算。

⑤ 花式隔断按框外围面积以平方米计算。

⑥ 铝合金、轻钢隔墙按四周框外围面积以平方米计算。

（4）玻璃幕墙。

幕墙按框外围面积以平方米计算。幕墙上有开启扇，计算幕墙面积时窗扇面积不扣，开启扇工程量以扇框延长米计算。

4. 工程量计算题例

【例 4-16】 计算图 4-16 所示花岗岩包柱的工程量。

解：独立柱的工程量按柱外围尺寸计算。

$$工程量=0.5\times4\times3=6\text{m}^2$$

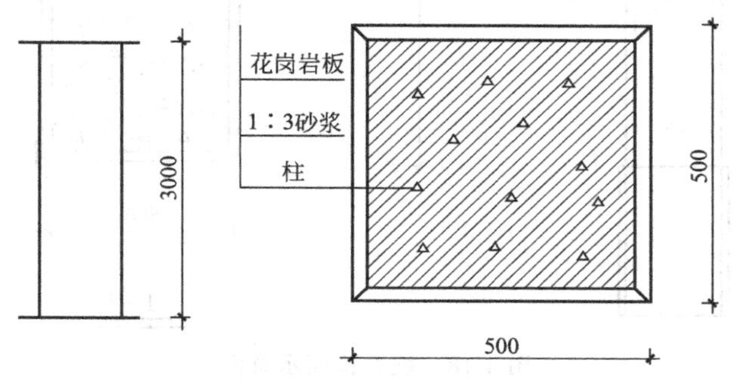

图 4-16 花岗岩包柱示意图

【例 4-17】 计算图 4-17 所示木墙裙的工程量（墙厚 240mm）。

解：木墙裙的工程量在墙裙高度 1500mm 以内时，按墙裙饰面面积计算。

$$工程量=[(8-0.24)+(5-0.24)]\times2\times1-1.4\times1(门面积)$$
$$=23.64\text{m}^2$$

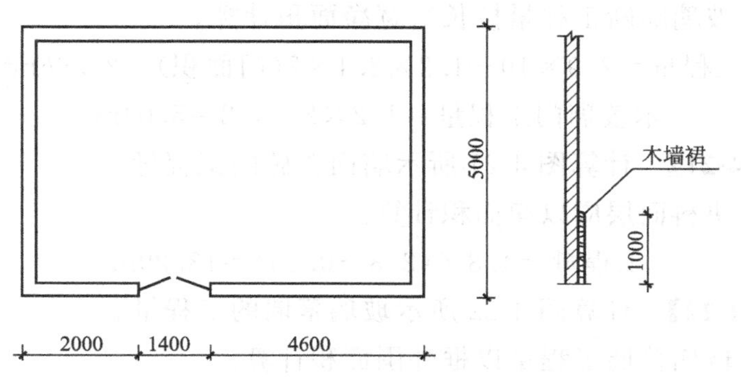

图 4-17 木墙裙示意图

【例 4-18】 计算图 4-18 所示柱贴镜面的工程量。

解：柱贴镜面工程量以外包尺寸面积计算。

$$工程量=0.5\times1.5\times4=3m^2$$

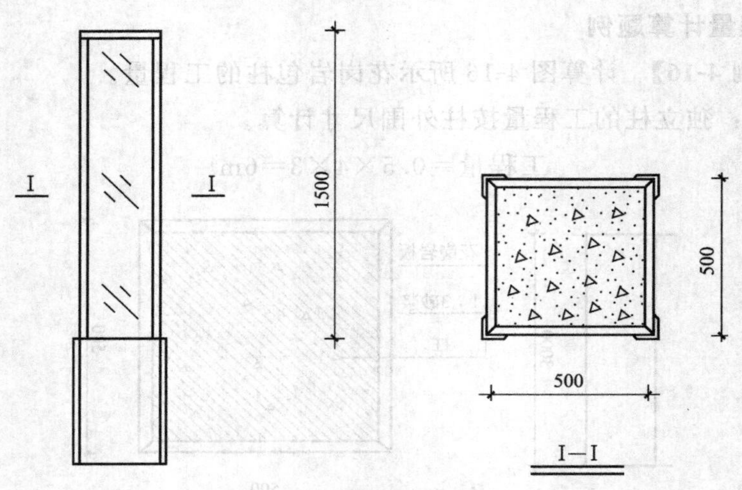

图 4-18 柱贴镜面示意图

【例 4-19】 计算图 4-19 所示石膏板隔断墙（木龙骨基层）的工程量。

解：隔断墙（木龙骨基层）的工程量按长×宽净面积计算。

$$石膏板工程量=6\times3.5-1.2\times2.6(门洞)=17.88m^2$$

$$木龙骨基层的工程量=6\times3.5=21m^2$$

【例 4-20】 计算图 4-20 所示玻璃隔断的工程量。

解：玻璃隔断工程量按长×宽净面积计算。

$$工程量=2.9\times10-1.2\times2.1\times2(门面积)=23.96m^2$$

$$木玻璃门工程量=1.2\times2.1\times2=5.04m^2$$

【例 4-21】 计算图 4-21 所示墙面瓷砖的工程量。

解：块料面层应以净面积计算。

$$工程量=4.8\times(2.8-0.15)=13.29m^2$$

【例 4-22】 计算图 4-22 所示玻璃幕墙的工程量。

解：玻璃幕墙工程量以框外围面积计算。

$$工程量=7.5\times12=90m^2$$

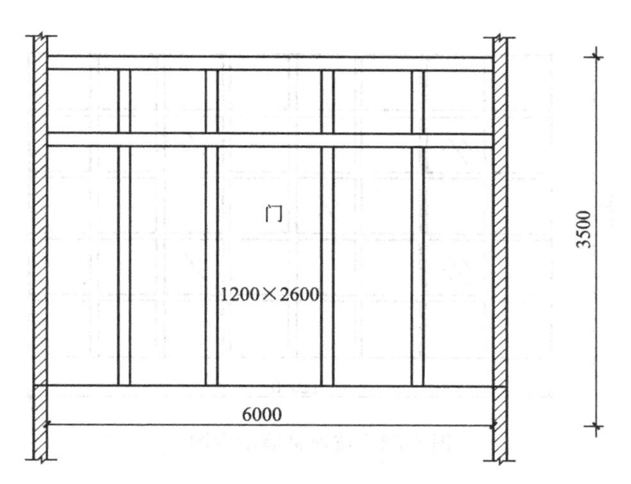

图 4-19　石膏板隔断墙（木龙骨基层）示意图

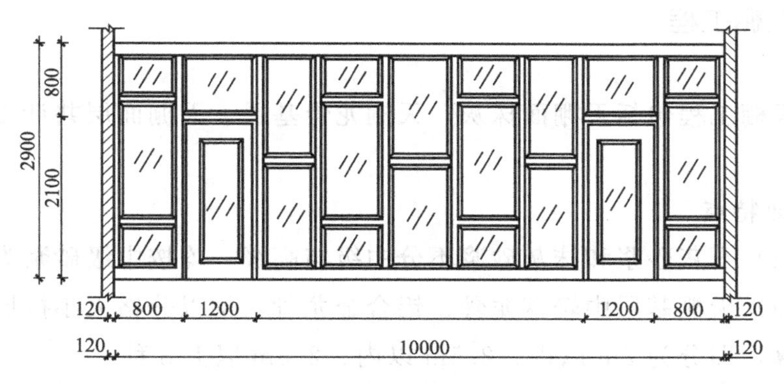

图 4-20　玻璃隔断示意图

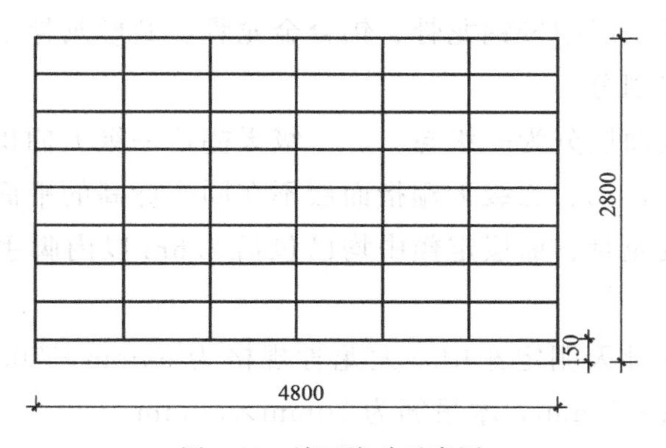

图 4-21　墙面瓷砖示意图

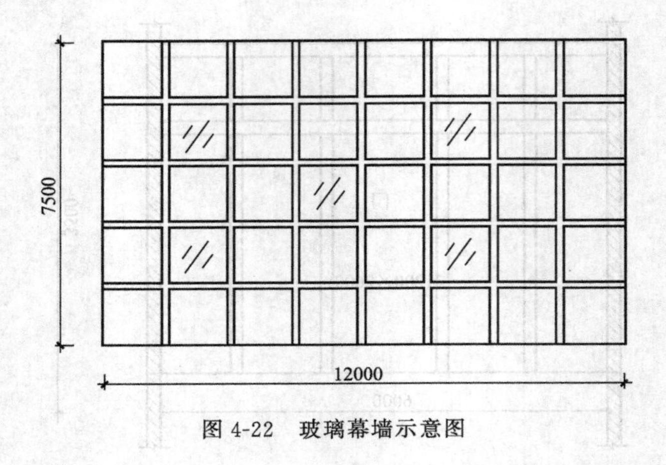

图 4-22 玻璃幕墙示意图

四、天棚工程

天棚工程包括天棚面抹灰、天棚龙骨基层、天棚面层共计 114 个子目。

1. 主要特点

（1）石灰砂浆和抹灰砂浆不分中级与高级，均按中级砂浆为准。

（2）天棚基层中轻钢龙骨、铝合金龙骨，均以分格大小按周长划分计算，即分为 2m 以内、2.5m 以内、2.5m 以上 3 种。

2. 定额说明

（1）天棚基层中轻钢龙骨、铝合金龙骨、T 形龙骨定额均按分格大小以周长来划分。

（2）天棚面层分为一级与二、三级天棚，一级天棚指面层在同一标高的平面上，二、三级天棚指面层不在同一标高的平面上。

（3）天棚龙骨、面层定额中均已包括 3.6m 以内脚手架的搭设及拆除。

（4）木龙骨天棚定额中，大龙骨规格为 50mm×70mm，中、小龙骨为 50mm×50mm，木吊筋为 50mm×50mm。

（5）轻钢龙骨、铝合金龙骨定额均以双层结构为准，即中、小龙骨底面吊挂。单层结构天棚应扣除定额中大龙骨及其配件的含量。

（6）定额中吊筋均以预埋为准。后期施工的工程在混凝土板上钻洞、挂筋者，按相应天棚定额每平方米增加人工 0.034 工日。如在砖墙上搁放者，按相应天棚项目每平方米增加人工 0.014 工日。

（7）上人型天棚骨架的吊筋改为射钉固定时，每平方米按相应定额扣除人工 0.0025 工日、吊筋 0.038kg，增加钢板 0.276kg、射钉 5.85 个。

不上人型天棚骨架，改为全预埋固定时，每平方米增加人工 0.0097 工日，增加吊筋 0.3kg。

（8）方形风口在 380mm×380mm 以上时，人工按定额乘以系数 1.25。矩形风口周长在 1280～1800mm 时，人工按定额乘以系数 1.25；矩形风口周长在 1801～2600mm 时人工按定额乘系数 1.50；矩形风口周长在 2600mm 以上时，人工按定额乘系数 1.75。

3. 工程量计算规则

（1）天棚抹灰工程量按以下规定计算。

① 天棚抹灰面积按主墙间的净面积计算，不扣除间壁墙、垛、柱、附墙烟囱、检查口和管道所占的面积。带梁天棚的梁两侧抹灰面积及檐口天棚的抹灰面积并入天棚抹灰工程量内计算。

② 井字梁天棚抹灰按展开面积计算。

③ 天棚抹灰如带有装饰线条时，分别按 3 道线以内或 5 道线以内按延长米计算，线角的道数以一个突出的棱角为 1 道线。

④ 阳台底面抹灰按水平投影面积计算，并入相应天棚抹灰面积内。如果阳台带悬壁梁者，其工程量乘以系数 1.30 计算。

⑤ 雨篷底面或顶面抹灰分别按水平投影面积计算，并入相应天棚抹灰面积内。雨篷顶面带反沿或反梁者，其工程量乘以系数 1.20 计算。

（2）天棚装饰面层及基层按主墙间实际面积计算，计算时不扣除间壁墙、检查口、附墙烟囱、垛和管道所占面积，但应扣除 0.3m^2 以上的灯饰、灯槽、风口、独立柱及天棚相连的窗帘箱所占的面积。

天棚面层中的假梁按展开面积计算，合并在天棚面层工程量内计算。

(3) 天棚中带艺术形式的折线、叠落、圆弧形、拱形、高低灯槽等的面层均按展开面积计算。

4. 工程量计算题例

【例 4-23】 如图 4-23 所示，天棚为不上人形轻钢龙骨石膏板凹凸吊顶，龙骨间距为 400mm×400mm，求其工程量。

解：天棚净面积：[(1.50＋4.16＋1.50)×(1.50＋3.96＋1.50)]

$=49.83m^2$

其中凹天棚面积：$4.16×3.96=16.47m^2$

凹天棚侧面积：$(3.96+4.16)×2×0.2=3.25m^2$

轻钢龙骨工程量即天棚总展开面积：$49.83+16.47=66.30m^2$

石膏板工程量即天棚总展开面积：$49.83+16.47=66.30m^2$

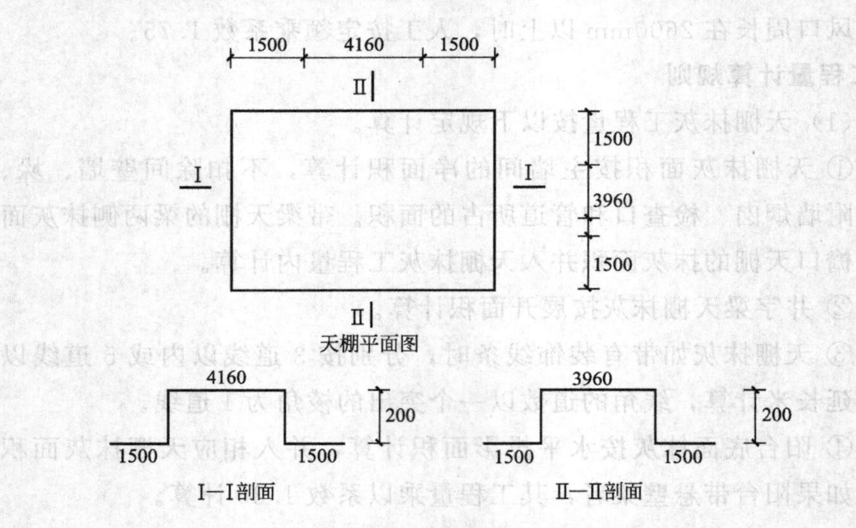

图 4-23 轻钢龙骨石膏板凹凸吊顶示意图

【例 4-24】 矿棉吸音板天棚木龙骨凹凸吊顶，龙骨间距如图 4-24 所示，求其工程量。

解： 平面工程量$=7.5×6.0=45m^2$

展开面工程量$=(5.5+4)×2×0.5=9.5m^2$

总工程量： $45+9.5=54.5m^2$

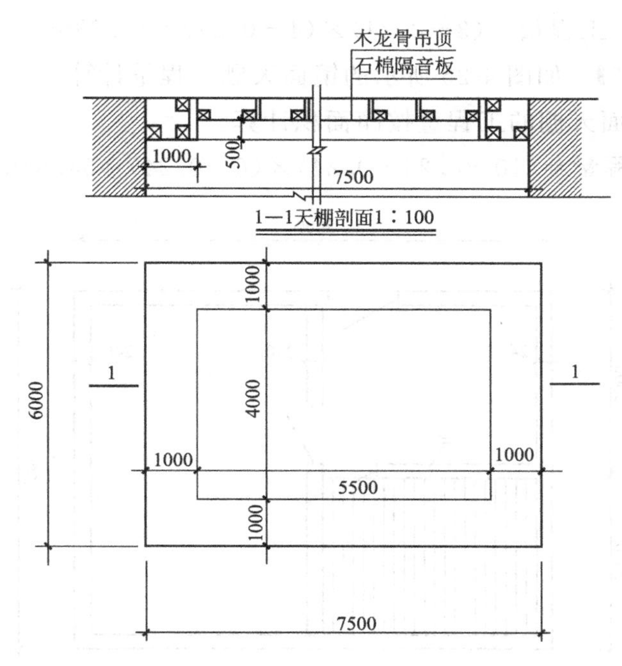

图 4-24　矿棉吸音板天棚木龙骨凹凸吊顶示意图

【例 4-25】 如图 4-25 所示卫生间塑料扣板天棚工程量的计算。

解： 塑料扣板吊顶的工程量按净面积计算。

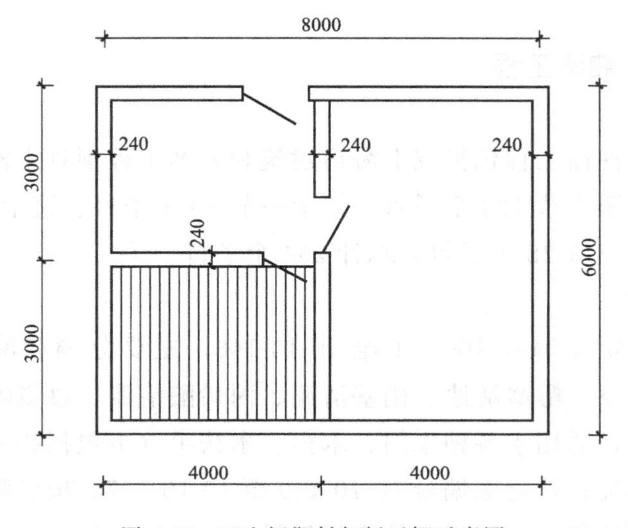

图 4-25　卫生间塑料扣板天棚示意图

工程量＝(3－0.24)×(4－0.24)＝10.38m^2

【例 4-26】 如图 4-26 所示的镜面天棚工程量计算。

解： 镜面天棚的工程量按净面积计算。

工程量＝(10－0.24－0.24)×(6－0.24)＝54.84m^2

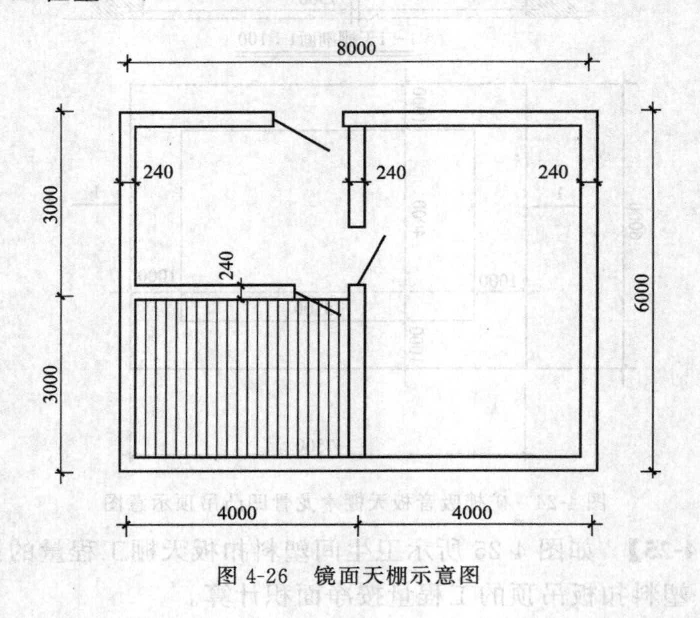

图 4-26 镜面天棚示意图

五、涂料、油漆工程

涂料、油漆工程包括《上海市建筑和装饰工程预算定额》(2000) 第十章中的第十节 183 个子目、第十一节 40 个子目、第十二节 44 个子目、第十三节 28 个子目，总计 294 个子目。

1. 主要特点

(1) 从定额编号 10-10-1 至 10-10-148，主要分调和漆、聚氨酯漆、酚醛清漆、醇酸清漆、硝基清漆、丙烯酸清漆、过氯乙烯漆等各种不同油漆，适用于各种木门、木窗、木扶手（不包括托板）及其他木材面等情况；从定额编号 10-10-149 至 10-10-167，按各种不同油漆区分，适用于各种木地板；从定额编号 10-10-168 至 10-10-183，主要是防火漆，适用于各种木隔断、木隔墙、木天棚、木地板的龙骨基层。

（2）定额中的抹灰面涂料主要分为乳胶漆、调和漆、各种涂料、白水泥浆及大白浆等，适用于各种不同部位的抹灰面层。

（3）定额中的喷涂、裱糊。从定额编号 10-12-1 至 10-12-29，主要是喷涂部分，分一塑三油、JH801 涂料、多彩涂料、好涂壁、彩砂、胶砂及浮雕涂料；从定额编号 10-12-30 至 10-12-44 止，主要是裱糊部分，按部位分为墙面、柱面及天棚面贴墙纸或做织锦缎，其中贴墙纸分为拼花铺贴、不拼花铺贴及金属墙纸铺贴，织锦缎分为连裱宣纸及连裱面纸带海绵底 2 种。

（4）定额中的金属面油漆分为调和漆、醇酸磁漆、过氯乙烯漆、沥青漆、防锈漆、银粉漆、防火漆及特种漆等，适用于各种不同金属结构。

2. 定额说明

（1）刷涂料、刷油漆定额均以手工操作为准编制，喷塑、喷涂、喷油均以机械操作为准编制。

（2）油漆定额已考虑了刷浅、中、深等各种颜色的因素。

（3）油漆定额已考虑了在同一平面上的分色及门窗内外分色等因素，未包括做美术图案。

（4）油漆定额规定的喷、涂、刷遍数，如与设计或实际施工要求不同时，可按每增减一遍的子目进行调整。

（5）喷塑（一塑三油）。底油、装饰漆、面油，其规格划分如下。

大压花：喷点压平、点面积在 $120mm^2$ 以上；中压花：喷点压平、点面积在 $100\sim120mm^2$；喷中点、幼点：喷点面积在 $100mm^2$ 以下。

3. 工程量计算规则

（1）楼地面、天棚面、墙柱、梁面的喷（刷）涂料、油漆及裱糊工程，均按楼地面、天棚面、墙柱、梁面装饰工程相应的工程量计算规则规定计算。

（2）木材面、抹灰面、金属面油漆的工程量应分别按表4-1～表4-9规定，并乘以表列系数计算。

表4-1 单层木门油漆子目乘工程量系数表

项目名称	系数	工程量计算方法
单层木门	1.00	按单面洞口面积
双层（一板一纱）木门	1.36	
双层（单裁口）木门	2.00	
单层全玻门	0.83	
木百叶门	1.25	
厂库大门	1.10	

表4-2 单层木窗油漆子目乘工程量系数表

项目名称	系数	工程量计算方法
单层玻璃窗	1.00	按单面洞口面积
双层（一板一纱）窗	1.36	
双层（单裁口）窗	2.00	
三层（二玻一纱）窗	2.60	
单层组合窗	0.83	
双层组合窗	1.13	
木百叶窗	1.50	

表4-3 木扶手（不带托板）油漆子目乘工程量系数表

项目名称	系数	工程量计算方法
木扶手（不带托板）	1.00	按延长米
木扶手（带托板）	1.60	
窗帘盒	2.04	
封檐板、顺水板	1.74	
挂衣板、黑板框	0.52	
生活园地框、挂镜线、窗帘棍	0.35	

表 4-4 其他木材面油漆子目乘工程量系数表

项目名称	系数	工程量计算方法
木板、纤维板、胶合板、天棚、檐口	1.00	按长×宽
清水板条天棚、檐口	1.07	
木方格吊顶天棚	1.20	
吸音板、墙面、天棚面	0.87	
鱼鳞板墙	2.48	
木护墙、墙裙	0.91	
窗台板、筒子板、盖板	0.82	
暖气罩	1.28	
屋面板(带檩条)	1.11	按斜长×宽
木间壁、木隔断	1.90	按单面外围面积
玻璃间壁、露明墙筋	1.65	
木栅栏、木栏杆(带扶手)	1.82	
木屋架	1.79	按跨度(长)×中高×0.5
衣柜、壁柜	0.91	按展开面积
零星木装修	0.87	

表 4-5 木地板工程油漆子目乘工程量系数表

项目名称	系数	工程量计算方法
木地板、木踢脚板	1.00	按长×宽
木楼梯(不包括底面)	2.30	按水平投影面积

表 4-6 抹灰面油漆相应子目乘工程量系数表

项目名称	系数	工程量计算方法
槽形底板、混凝土折板	1.30	按长×宽
有梁板底	1.10	
密肋、井字梁板底	1.50	
混凝土平板式楼梯	1.30	按水平投影面积

表 4-7 单层钢门窗油漆子目乘工程量系数表

项目名称	系数	工程量计算方法
单层钢门窗	1.00	按洞口面积
双层(一玻一纱)钢门窗	1.48	
百叶钢门	2.74	
半截百叶钢门	2.22	
满钢门或包铁皮门	1.63	
钢折叠门	2.30	
射线防护门	2.96	按框(扇)外围面积
厂库房平开、推拉门	1.70	
铁丝网大门	0.81	
间壁	1.85	按长×宽
平板屋面	0.71	按斜长×宽
瓦垄板屋面	0.89	
排水、伸缩缝盖板	0.78	按展开面积
吸气罩	1.63	按水平投影面积

表 4-8 金属面油漆子目乘工程量系数表

项目名称	系数	工程量计算方法
钢屋架、天窗架、挡风架、屋架梁、支撑、檩条	1.00	按质量(t)
墙架(空腹式)	0.50	
墙架(格板式)	0.82	
柱、空花构件、操作台、走台、制动梁钢梁车挡	0.71	
钢栅栏门、栏杆、窗栅	1.71	
钢爬梯	1.18	
轻型屋架	1.42	
踏步式钢扶梯	1.05	
零星铁件	1.32	

表 4-9 平板屋面涂刷磷化、锌黄底漆油漆子目乘工程量系数表

项目名称	系数	工程量计算方法
平板屋面瓦(单面涂刷)	1.00	按斜长×宽
垄板屋面(单面涂刷)	1.20	
排水、伸缩缝盖板(单面涂刷)	1.05	按展开面积
吸气罩	2.20	按水平投影面积
包镀锌铁皮门	2.20	按洞口面积

4. 工程量计算题例

【例 4-27】 某工程有 900mm×2100mm 双层（一板一纱）木门 20 扇，设计要求刷底油 1 遍，刮腻子和调和漆 2 遍，试计算其油漆工程量。

解：工程量＝0.9×2.1×1.36(一板一纱木门工程量系数)×20
＝51.41m²

【例 4-28】 图 4-27 所示某平面图，工程内容为 150mm 木踢脚线，墙、顶面贴墙纸，地面复合地板，窗洞口尺寸为 1500mm×1800mm，门洞口尺寸 1200mm×2100mm，墙高 3m，计算墙纸工程量。

解：墙顶面贴壁纸的工程量应以墙顶面实贴面积计算。

一般计算方式如下：墙面净长(宽)×墙面净高(应扣踢脚线宽度)＋顶面净面积－门窗洞口面积＋门窗洞口侧壁面积。

工程量＝[(6.0－0.24)＋(9.0－0.24)]×2×(3－0.15)＋(6.0－0.24)×(9.0－0.24)－1.2×(2.1－0.15)－1.5×1.8＋(1.2＋2.1)×2×0.1＋(1.5＋1.8)×2×0.1
＝82.764＋50.458－2.34－2.7＋0.66＋0.66
＝129.50m²

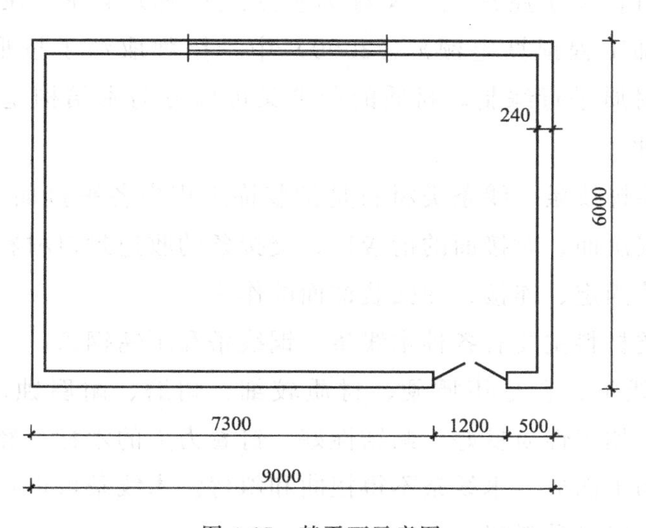

图 4-27 某平面示意图

六、其他工程

本部分包括招牌的木基层、钢结构基层、美术字安装、装饰线条、柜类，共有41项子目。

1. 主要特点

(1) 招牌基层不分形式均以木结构基层与钢结构基层计算。

(2) 装饰线条均以成品安装为准。

(3) 改变原有的工艺，柜类均以细木工板制作为准。

(4) 窗台板、窗帘盒、筒子板以细木工板制作为准。

(5) 踢脚板定额按以成品安装为准。

2. 招牌、装饰线条、柜类材料的说明

(1) 招牌　其表现形式和用材材质均多种多样，大致可以分为附贴式（附贴式招牌是直接挂在建筑物表面上，又称平面型招牌）、外排式、悬挂式（是指凸出建筑物表面，凸出量一般在500mm左右，又称为箱体招牌）、直立式（直立式是指距建筑物有一定距离的招牌，可设置于屋顶上，又称为竖立式招牌）4种。在《上海市建筑和装饰工程预算定额》（2000）中，招牌取消了按形式编制，而采用按材质进行编制。材质的种类又可以分为木结构基层和钢结构基层2种。

(2) 装饰线条　线条类材料是指装饰工程中各平接面、相交面、分界面、层次面、对接面的衔接口，交接条的收边封口材料，在装饰结构上起着固定、连接、加强装饰面的作用。

线条类材料主要有各种木线条、铜线条和不锈钢条。

① 木线条。它是用质硬、材质较细、耐磨、耐腐蚀、不开裂、切面光滑、加工性质良好、黏结性好、钉着力大的木材，经干燥处理后用机械加工而成。木线条不得扭曲和斜弯。木线条可进行对接、拼接以及弯曲成各种弧线。

a. 木线条的用途：室内装饰工程木线条的用途十分广泛，主要有以下 3 个方面。

ⓐ 天棚线。天棚上不同层次面的交接处的封边；各种不同材料面的对接处封口；天棚平面上的造型线；天棚上设备的封边线。

ⓑ 天棚角线。天棚与墙面、天棚与柱面的交接处封边。

ⓒ 墙面线。墙面上不同层次面的交接处、不同材料面的对接处封口；墙裙压顶、踢脚板上压边、设备上的封边、墙面饰面材料的压边、墙面装饰造型线、装饰隔墙的收边口线和装饰条以及各种家具上的收边线和装饰线。

b. 木线条的规格品种：从材质上分，有硬杂木条、进口硬木线条、白木线条、水曲柳线条、柚木线条、榉木线条等；从功能上分，有压边线、柱角线、压角线、墙角线、墙腰线、门头线、封边线、镜框线等；从外形上分，有半圆线、直角线、斜角线，在线条上又分三道线和五道线的装饰线条。

木线条规格是指最大宽度与最大高度，各种木线条每根常用长度为 2～5m。定额规定木线条不分功能、外形均按定额执行。

② 金属线条。包括铜线条、铝合金线条、不锈钢线条。

a. 铜线条：它用黄铜制成，强度高、耐磨性好、不锈蚀，经加工后表面有黄金色的光泽，主要用于地面大理石、花岗石、水磨石的间隔线，以及墙面的嵌线和家具上的装饰条。定额中的金属线条均为成品安装，铜线条均按定额计算。

b. 不锈钢线条：它具有高强度、耐腐蚀、表面光洁如镜、耐洗擦、耐气候变化的特点，不锈钢线条的装饰效果好，用于各种装饰面的压边线、收口线、柱角压边线等。不锈钢线条如是成品，按定额金属线条子目计算，如施工单位自行裁制，则按定额中现场制作的定额计算。

c. 铝合金线条：它是用纯铝加入锰、镁等合金元素后挤压而成的条状型材，具有轻质、耐腐蚀、刚度大等特点，其表面经阳极氧化着色表面处理，有鲜明的金属光泽，耐光和耐气候性。铝合金线条可用于装饰面的压边线、收边线、镜框的框边线，以及墙面或天棚面的封口线，还可用于地毯上的压边线和收口线。铝合金线条均按定额中金属线条的定额计算。

（3）柜橱类　定额中柜、橱类均以细木工板制作安装为准，设计要求板面外贴饰面可以按面层子目另计。

3. 定额工程说明

（1）招牌基层定额为凸出墙面的六面体，且已包括防锈漆及招牌顶面的防水工料。

（2）美术字分中文字、外文字，均为成品安装。

（3）压条、装饰条均为成品安装。

（4）木基层天棚面需钉压条、装饰条，其人工按相应定额子目乘以系数 1.34；轻钢龙骨天棚需钉压条、装饰条，其人工按相应定额子目乘以系数 1.68；木装饰做艺术图案者，其人工按相应定额子目乘以系数 1.80。

4. 工程量计算规则

（1）招牌木基层按正立面面积以平方米计算；钢结构基层按设计钢材用料以吨计算。

（2）招牌面层按展开面积以平方米计算；突出面层的灯饰、店徽及其他艺术装潢物等，另行计算。

（3）窗台板、筒子板按实铺面积以平方米计算。

（4）窗帘盒按延长米计算，如设计图纸未注明尺寸时，可按窗洞口尺寸加 30mm 计算。

（5）开灯孔按个数计算。悬挑灯槽按延长米计算。

（6）石材洗漱台按台板外水平投影面积以平方米计算。

（7）浴帘以延长米计算，浴缸拉手、毛巾架以套计算。

（8）橱、柜类均按正立面的高（连脚）×宽以平方米计算。

复习思考题

1. 工程量计算的作用及意义体现在哪几个方面?

2. 工程量计算时应注意哪些事项?

3. 工程量计算的单位有何规定?

4. 工程量计算的精度有何规定?

5. 分别说明在预算定额的楼地面工程中，大理石（含花岗石)、彩釉地砖、木地板3个工程的项目划分。

6. 简述楼地面工程中的块料面层工程特点、工程量计算规则及工程说明。

7. 简述门窗工程中的木门窗的主要特点与工程量计算规则。

8. 简述铝合金门窗工程量计算的规则。

9. 简述墙柱面工程中的块料面层工程的特点、工程量计算规则及工程说明。

10. 简述各种柱面装饰的工程量计算规则。

11. 简述各种隔断的工程量计算规则。

12. 简述天棚面层工程量计算规则。

13. 一级天棚与二、三级天棚的区别有哪些?

14. 轻钢龙骨、铝合金龙骨定额以何种结构为准?

15. 简述涂料、油漆工程的油漆类型。

16. 简述预算定额油漆工程中的木材面油漆的工程量系数及工程量计算方法。

17. 招牌基层分为哪两种结构?

18. 什么是装饰线条类材料? 简述木装饰线条的分类。

19. 招牌面层的工程量如何计算?

第五章　施工费用计算规则

第一节　施工费用计算规则编制概况和基本特点

施工费用计算规则是执行上海市建筑和装饰工程预算定额（2000）的配套规定。

一、指导思想

随着社会主义市场经济的建立，施工企业已作为建筑市场的主体，政府的职能逐步转向指导和服务。本着指导和服务的宗旨，制定适应社会主义市场经济条件下的建设工程计价方法。政府在市场管理上，主要是为施工企业营造一个公平竞争的环境，引导企业在开放的建筑市场进行有序竞争。

二、修编原则

根据国家有关规定，以市场定价机制为原则，规范工程计价行为及程序，明确工程费用要素内容及计取方法，引导承发包双方根据本规则的规定，参照工程造价管理部门发布的有关信息，结合市场实际情况及工程特点，通过建设工程招投标程序，以合同形式约定工程价款。

三、修编内容

施工费用计算规则是在（93）定额费用标准基础上修编而成，修编内容主要是以费用名称的界定、要素分类及构成为重点，根据国家新出台的各项规定，调整、完善工程费用要素内容，确定工程计价方法和程序，使“费用计算规则”更适应市场。

四、适用范围

适用于本市行政区域范围内的建筑和装饰建设工程施工项目。

五、基本特点

（1）统一的费用计算规则，形成了“统一规则、参照耗量、放开价格、合同定价”的新的计价模式，以适应建筑市场经济的需要。

（2）取消了按类别工程取费方法，不分专业，如建筑工程中的土建、打桩、吊装专业，实行统一计费规则，为企业提供了公平竞争的环境。

（3）直接费由静态定额基价变为动态市场价格，计费基数由静态值变为动态值，由指令性费率变为指导性费率（参考性费率），由固定费率变为浮动费率，体现了量价分离的原则，符合市场经济条件下的工程计价要求。

（4）简化计价程序，归并费用项目，将（93）定额费用标准的其他直接费（部分）、综合间接费、利润合并成一项费用，费用名称为“综合费用”。

六、管理模式

鉴于各专业工程施工费用内容，除了综合费用和施工措施费略有专业区别以外，其他部分基本相同，为了方便使用，有利于造价管理，实行“统一规则，专业管理”的管理方式，以确保定额顺利实施。

第二节　装饰工程施工费用的内容构成及应用

为了贯彻“统一规则，专业管理”的原则，根据“施工费用计算规则”的规定，在“施工费用计算规则”内容的基础上，结合建筑工程专业特点，对有关费用内容作适当解释和补充，作为“施工费用计算规则”建筑工程的补充说明。

建筑工程施工费用，即建筑施工图阶段的工程造价，是指单位工程建筑施工生产过程中直接耗用于工程实体和有助于工程形成的各项费用，以及建筑施工企业为组织管理整个工程过程中间接发生的各项费用、利润和国家规定的其他费用、税金的总和。

施工费用内容是由直接费、综合费用、施工措施费、其他费用和税金等 5 部分内容组成。

一、直接费内容及计算方法

直接费是指单位工程施工过程中的直接耗费的构成工程实体和部分有助于工程形成的各项费用，包括人工费、材料费和施工机械使用费。

1. 人工费

人工费＝Σ(定额工日消耗×人工工日单价)

(1) 定额工日消耗是指在正常施工条件下，生产工人完成单位合格产品所必须消耗用工数量，包括基本工、其他工及人工幅度差等。定额工日按 8h 工作制计算。

（2）人工单价是指直接从事建筑施工的生产工人在单位工作日内所发生的各项开支，包括国家劳动、社会保障政策的规定所发生的费用。

人工单价一般包括以下内容。

① 工资（总额）。它是指施工企业在单位工作日内直接支付给生产工人的劳动报酬的总额，包括基本工资、奖金、津贴和补贴、加班加点工资和其他工资。

② 职工福利费。它是指企业按国家规定计提的生产工人的职工福利基金。

③ 劳动保护费。它是指生产工人按国家规定在施工过程中所需的劳动保护用品、保健用品、防暑降温费等。

④ 工会经费。它是指企业按工会法规定计提的生产工人的工会经费。

⑤ 职工教育经费。它是指企业按国家规定计提的生产工人的职工教育经费。

⑥ 社会保险费。根据上海市社会保险有关法规和条例，按规定缴纳的基本养老保险费、基本医疗保险费、失业保险费，包括企业和个人共同承担的费用。

⑦ 危险作业意外伤害保险费。根据《建筑法》有关保险规定，由建筑施工企业为从事危险作业的建筑施工人员支付的意外伤害保险费。

⑧ 住房公积金。按规定缴纳的住房公积金，包括企业和个人共同承担的费用。

⑨ 其他。

（3）人工单价的确定。由承发包双方按人工单价包括的内容为基础，根据建设工程特点结合市场实际情况，参照工程造价管理机构发布的人工市场价格信息，以合同形式确定人工单价。

2. 材料费

$$材料费=\sum(定额材料消耗量\times材料单价)$$

(1) 定额材料消耗量是指在正常施工条件下，完成单位合格产品所必须消耗（或摊销）的材料数量，包括主要材料、辅助材料、周转性材料、其他材料等。

(2) 材料单价是指单位材料价格及从供货单位运至工地耗费的所有费用之和。工地一般指工地仓库、现场集中堆放地、现场加工点和安装点。

(3) 材料单价。材料单价一般包括以下内容。

① 材料的原价（供应价）。它是指材料供应单位的销售价，一般包括外埠运费、包装费等。

② 市内运输费。它是指材料在本市行政区域内由供货单位运至施工现场的全部运输费。

③ 运输损耗。它是指在市内装卸和运输过程中所发生的损耗。

随着建材市场的放开，材料价格组成内容发生了变化，逐步淡化了的材料价格的组成内容，一般是以送到施工现场的“一口价”为约定单价。

(4) 材料单价的确定。由承发包双方按材料单价包括的内容为基础，根据建设工程特点，结合市场实际情况，参照工程造价管理机构发布的材料市场价格信息，以合同形式确定材料单价。

3. 机械费

$$机械费=\sum(定额机械台班耗量\times机械台班单价+大型施工机械安装、拆卸及进出场费)$$

(1) 定额机械台班耗量是指在正常施工条件下，完成单位合格产品使用施工机械台班消耗量。每台班按8h工作制计算。

(2) 机械台班单价是指施工过程中，使用每台施工机械正常工作一个台班的所发生的各项支出和摊销费用。

机械台班单价内容一般由以下8项费用组成。

① 折旧费。指机械设备在规定的使用期限内，陆续收回其原值及购置资金的时间价值。

② 大修理费。指机械设备按规定的大修理间隔台班必须进行大修理，以恢复其正常功能所需的费用。

③ 经常修理费。指机械设备除大修理以外的各级维护和临时故障排除所需的费用。

④ 安拆费。指机械在施工现场进行安装、拆卸所需人工、材料、机械和试运转费用，以及机械辅助设施的折旧、搭设、拆除等费用。

⑤ 场外运费。指机械整体或分体自停置地点运至施工现场或由一施工地点运至另一施工地点的运输、装卸、辅助材料以及架线费用。

⑥ 燃料动力费。指机械设备在运转作业中所耗用的固体燃料（煤炭、木料）、液体燃料（汽油、柴油）及电力等所发生的费用。

⑦ 人工费。指机上司机（司炉）及其他操作人员工作日所发生的费用。

⑧ 养路费和车船使用税。指按国家有关规定应交纳的养路费及车船使用税。

(3) 施工机械进出场费是指特、大型施工机械的路基摊销、安装、拆卸及场外运输费。中、小型施工机械进出场费已包括在台班单价内。

(4) 机械台班单价及机械进出场费的确定。目前，施工企业机械的来源主要采用2种方式，即自有机械和租赁机械。自有机械台班单价以摊销单价为表现形式，其编制方法仍按原规定的方式，以建设部颁发的《全国统一施工机械台班费用定额（1998）》为基础，即一类费用不变，二类费用消耗量不变，其人工和燃料动力单价根据市场价格进行换算，养路费和车船使用税按市政府主管部门的有关规定计算。租赁机械台班单价是根据租赁市场来确定的。这里要明确的是，机械台班单价与租赁单价不得重复计算。

若建设部对机械台班费用计算有新的规定，则按新的有关规定计算。

施工机械进出场费以《全国统一施工机械台班费用定额》编制原则为依据，其人工和燃料动力单价，根据市场价格进行计算。

机械台班单价确定是由承发包双方按机械台班单价包括的内容为基础，根据建设工程特点，结合市场实际情况，参照工程造价管理机构发布的机械台班摊销单价或租赁市场价格信息，以合同形式确定台班单价。

施工机械进出场费，由承发包双方按招标文件和批准的施工组织设计所指定大中型机械，参照工程造价管理机构发布的市场信息价格，在合同中确定费用。

4. 有关直接费中的其他费用的计算和确定

土方、泥浆的堆置和外运费列入直接费内计算。

其他费用的确定由承发包双方按约定的内容为基础，根据建设工程特点，结合市场实际情况，参照工程造价管理机构发布的市场信息，以合同形式确定费用。

二、综合费用内容及计算方法

1. 综合费用内容

综合费用由其他直接费、施工管理费和利润组成。

施工管理费是指施工企业为组织和管理生产经营活动发生的所有费用，包括直接费以外施工过程中发生的其他费用，具有直接费性质，但难以消耗量形式列入定额子目，按率计取的部分费用，以及为施工准备、组织施工生产和管理所需的费用。其内容包括了（93）定额中的其他直接费和综合间接费。

利润指施工企业根据市场实际情况，计入工程费用中的期望获利。

施工管理费组成内容如下。

（1）管理人员和服务人员的工资总额 它是指施工企业直接支付给管理人员和服务人员劳动报酬的总额，包括基本工资、奖金、津贴和补贴、加班加点工资和其他工资。

（2）职工福利费　企业按国家规定计提的管理人员和服务人员的职工福利费，指管理人员和服务人员所需的劳动保护用品、保健用品、防暑降温费等。

（3）工会经费　它是指企业按工会法规定计提的管理人员和服务人员的工会经费。

（4）职工教育经费　它是指企业按国家规定计提的管理人员和服务人员的职工教育经费。

（5）社会保险基金　根据上海市社会保险有关法规和条例，按规定缴纳的基本养老保险费、基本医疗保险费、失业保险费，包括企业和个人共同承担的费用。

（6）住房公积金　按规定缴纳的住房公积金，包括企业和个人共同承担的费用。

（7）办公费　它是指企业行政管理办公用的文具、纸张、印刷、邮电、水、电、电信、会议等费用。

（8）差旅费　它是指企业管理人员和服务人员因工作需要所发生的差旅费、市内交通费以及行政管理部门使用的交通工具所发生的油料、燃料、牌照、养路费等费用。

（9）业务活动经费　它是指企业在业务经营活动中所发生的费用。

（10）非生产性固定资产使用费　它是指企业行政管理和试验部门使用的属于固定资产的房屋、设备、仪器等折旧费、大修理费、维修费等。

（11）低值易耗品摊销（包括不属于固定资产的工具、用具使用费）　它是指企业中不属于固定资产的行政管理使用的各种工具、用具（使用年限较短，或价值较低）的购置、摊销和维修费。

（12）税金　它是指企业按规定交纳的房产税、车船使用税、所得税、土地使用税、印花税等。

（13）检验试验费　按现行工程质量规定，为保证自行采购的建筑材料、构件和建筑安装物质量而需进行一般鉴定、质量检测发生的费用。如钢材、水泥、混凝土、砌筑砂浆、防水材料、构件、半成品材料等检测费。

(14) 临时设施费　它是指企业为进行工程施工所必需的生活和生产用的临时建筑物、构筑物和其他临时设施费用等。其费用内容包括临时设施的搭设、维修、拆除或摊销费，如现场临时生活、卫生、办公、仓库、施工机械棚、操纵台、施工便道、供水、供电等设施费。

(15) 工程定位、复测、点交　工程进行中定位、复测等工作所需费用。

(16) 场地清理费　进行场地清理所需要的费用。

(17) 其他　它是指上述费用以外的其他必须发生的费用，包括排污费、绿化费、义务兵优待金、河道工程修建维护管理费、堤防费等。

2. 综合费用的计算和确定

以直接费（人工费、材料费、机械费之和）为计费基数，不实行类别工程，不分打桩、土建、吊装专业，以费率形式统一计费。

综合费用的确定由承发包双方以综合费包括的内容为基础，根据建设工程特点，结合市场实际情况和施工企业的技术装备、管理水平以及期望获利，参照工程造价管理机构发布的市场综合费用信息率，在合同中明确。

三、施工措施费内容及计算方法

1. 施工措施费的内容

施工措施费是指施工企业完成建筑产品时，为承担的社会义务、施工准备、施工方案发生的所有措施费用（不包括已列入定额子目和综合费用所包括的内容）。

为了突出施工期间发生的措施费用，由原来“开办费”更名为

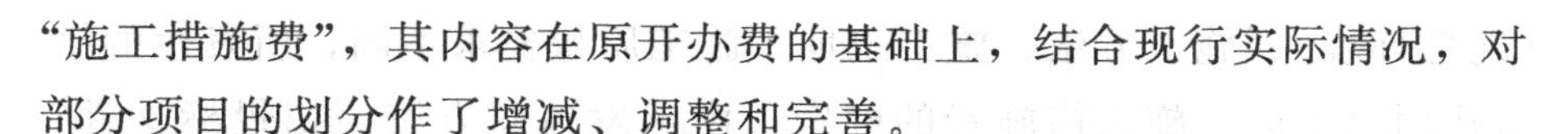

“施工措施费”，其内容在原开办费的基础上，结合现行实际情况，对部分项目的划分作了增减、调整和完善。

施工措施费一般包括以下内容。

（1）现场安全、文明施工措施费。属于政府有关文件规定，需设置现场安全、文明施工的措施所需要的费用。

（2）原公共建筑、树木、道路、桥梁、管道、电力、通信等设施保护、改道、迁移等措施费，包括保护邻近建筑物的地基加固措施费。

（3）工程监测费。因工程特殊需要所发生的监测费，如桩基测试费、大体积混凝土测试费等。

（4）工程新材料、新工艺、新技术的研究、检验试验、技术专利费。

（5）创部、市优质工程施工措施费。

（6）特殊产品保护费。

（7）特殊条件下施工措施费。非正常施工条件下所采取的特殊措施费。如：地下不明障碍物；铁路、航空、航运、陆上等交通干扰而发生的施工降效费用；有毒有害气体和有放射性物质区域内现场施工人员的保健费；冬雨季施工增加费；两次驳运费；因建设单位要求提前竣工而发生的赶工措施费；预算定额中未包括的其他技术措施费等。

（8）工程保险费。它是指建筑工程一切险和安装工程一切险。按政府有关规定和业主要求实行工程保险所发生的费用。

（9）港监及交通秩序维持费。

（10）建设单位另行专业分包的配合、协调、服务费。若建设单位另行专业分包，由施工单位为专业分包单位提供临时设施、垂直运输等发生的配合、协调和服务费。

（11）其他。

2. 施工措施费的计算和确定

施工措施费是根据工程的特性决定的。相同的工程由于施工条件

（地理环境）、施工方法、施工工期、施工质量要求不同，所发生的措施费用也不同。施工措施费的确定，由承发包双方按照招投标文件、批准的施工组织设计和政府各有关部门规定，根据建设工程具体特点及市场情况，通过合同形式或现场签证加以确认，其费用可考虑综合费用因素。

四、其他费用的内容及计算方法

1. 其他费用的内容

其他费用是按照国家规定可收取的费用。现阶段的其他费用系指定额编制管理费、工程质量监督费等，若有关部门有新的规定，则按新的规定执行。

2. 其他费用的计算

（1）定额编制管理费　以直接费为计费基数，费率为0.05%。

（2）工程质量监督费　以建安工作量（直接费、综合费用、施工措施费之和）为计费基数，费率为0.1%～0.15%。

五、税金的内容及计算方法

税金是指国家税法规定的营业税、城市维护建设税、教育费附加。

税金按国家规定，以直接费、综合费用、施工措施费、其他费用之和为计费基数。税率是以施工企业税务申报登记所在地的税率计算。现阶段的计税标准，按纳税地分：市区3.41%；县镇3.35%；其他3.22%。

六、建筑装饰工程施工费用计算顺序

建筑装饰工程施工费用计算顺序列于表5-1。

表 5-1　建筑装饰工程施工费用计算表

序号	项　目		计　算　式	备　注
(1)	直接费		按定额子目×约定单价	包括定额说明
	其中	人工费	按定额工日耗量×约定单价	
		材料费	按定额材料耗量×约定单价	
		机械费	按定额台班耗量×约定单价	
(2)	综合费用		(1)×约定费率	
(3)	施工措施费		报价方法计取	由双方合同约定
(4)	其他费用	定额编制管理费	(1)×0.05%	
		工程质量监督费	[(1)+(2)+(3)]×(0.1%～0.15%)	
(5)	税金		[(1)+(2)+(3)+(4)]×3.41%	市区
			[(1)+(2)+(3)+(4)]×3.35%	县镇
			[(1)+(2)+(3)+(4)]×3.22%	其他
(6)	工程施工费用		(1)+(2)+(3)+(4)+(5)	

复习思考题

1. 什么是直接费？它由哪几部分组成？
2. 人工、材料、机械台班单价是如何确定的？
3. 综合费用内容包括哪些？如何确定综合费用？
4. 简述建筑装饰工程施工费用的计算顺序。

第六章　建筑装饰工程施工图预算的编制

第一节　编制建筑装饰工程施工图预算的依据

一、施工图纸和设计资料

完整的建筑装饰工程施工图纸说明，以及图纸上注明采用的全部标准图是编制建筑装饰工程施工图预算的重要依据之一。建设单位、设计单位和施工单位对施工图会审签字后的会审记录，也是编制施工图预算的依据。只有在设计资料完备的条件下，才能准确地计算出装饰工程中各分部分项的工程量。

二、建筑装饰工程预算定额

《建筑装饰工程预算定额》一般都详细规定了工程量计算的方法，如各分部分项的工程量的计算单位，哪些工程量应该计算，哪些工程量定额中已考虑不应该计算，以及哪些材料允许换算，哪些材料不允许换算等，必须严格按预算定额的规定办理。

三、单位估价表

工程所在地区颁布的单位估价表是编制建筑装饰工程施工图预算

的另一个重要依据。工程量计算后，要严格按照单位估价表所规定的各分部分项单价，填入预算表，计算出该工程的直接费。如果单位估价表中缺项或当地没有现成的单位估价表，则应由建设单位、设计单位和施工单位在当地工程建设主管部门的主持下，根据国家规定的编制原则另行编制当地的单位估价表。

四、补充单位估价表

材料预算价格和成品、半成品的预算价格，是编制建筑装饰工程施工图预算的依据。在当地没有单位估价表或单位估价表所列的项目不能满足工程项目的需要时，须另编制补充单位估价表，补充的单位估价表必须有当地的材料、成品、半成品的预算价格。

五、建筑装饰工程施工组织设计或施工方案

施工单位依据建筑装饰工程施工图所作的施工组织设计或施工方案也是编制施工图预算的依据。施工组织设计或施工方案必须合理。

六、施工管理费和其他取费标准

直接费计算完后，要依据工程建设管理部门颁布的施工管理费其他取费标准，计算出预算总值。目前，施工管理费是按照直接费中的人工费乘以不同的费率计算的。

七、建筑材料手册和预算手册

在计算工程量过程中，为了简化计算方法、节省计算时间，可以使用符合当地规定的建筑材料手册和预算手册编制施工图预算。如金属材料每米的重量等均可以从建筑材料手册中查出，有的材料或构件

用量等则可以从预算手册中查出，这样就可以方便计算、节省时间。

八、施工合同或施工协议

施工图预算要根据甲、乙双方签订的施工合同或施工协议进行编制。如材料由谁负责采购、材料差价由谁负责等。

第二节　建筑装饰工程施工图预算的编制步骤

一、编制施工图预算的条件

编制装饰工程施工图预算，应该满足编制条件，编制装饰工程施工图预算的条件主要有以下 4 个方面。

(1) 施工图经过审批、交底和会审，必须由建设单位（甲方）、施工单位（乙方）、设计单位等共同认可。

(2) 施工单位编制的施工组织设计或施工方案必须经建设单位批准。

(3) 建设单位和施工单位在材料、构件和半成品等加工、订货及采购方面，都必须有明确分工或按合同执行。

(4) 参加编制装饰预算的人员，必须持有相应专业的编审资格证书。

二、编制施工图预算的具体步骤

1. 收集有关编制装饰工程预算的基础资料

基础资料主要包括：经过交底会审的施工图纸；批准的设计总概算；施工组织设计或施工方案；现行的装饰工程预算定额或单位估价表；现行装饰工程收费标准；装饰造价信息；有关的预算手册、标准图集；现场勘探资料；装饰工程施工合同等。

2. 熟悉审核施工图纸

编制建筑装饰施工图预算必须阅读施工图的全部图纸，因为编制单位工程建筑装饰施工图预算不仅要根据图纸上标明的建筑物各部位尺寸计算工程量，而且还要根据图纸上的有关说明准确地套用各个单项的预算单价，以便正确地计算直接费、综合费用、施工措施费等。所以说，熟悉施工图纸是编制建筑装饰施工图预算的基本工作。同时，熟悉图纸过程也是审查图纸的过程，发现缺图、漏图或者不一致的地方，可与有关单位专业人员联系，使其更加完善，并能在国家允许范围内最大限度地满足施工和使用的需要。

3. 熟悉施工组织设计或方案

在施工组织设计或方案具体规定下组织拟建装饰工程的施工方法、施工进度、技术组织措施和施工现场布置等内容。因此，编制装饰工程施工图预算时，必须熟悉和注意施工组织设计中影响造价的相关内容，严格按施工组织设计所确定的施工方法和技术组织措施的要求，准确计算工程量，套用或调整定额子目，使施工图预算能真正反映客观实际情况。

4. 收集有关构配件标准图

标准图是具有重复使用性质的图纸。构配件标准图的模具设备比较定型，便于制作，有利于保证质量，加速建设构配件标准图是按照国家规定的设计规定统一模式进行设计绘制的，其种类较多，大体分国标、省标、院标 3 种，使用时必须了解标准图的使用范围、设计依据、选用条件、材料及施工要求等，弄清标准图规格尺寸的表达方法。

5. 熟悉装饰预算定额或单位估价表

确定装饰工程定额直接费的主要依据是装饰预算定额或单位估价表。因此，在编制施工图预算时，必须非常熟悉装饰预算定额或单位估价表的内容、工程组成、工程量计算规则及相关说明，只有这样才能准确、迅速地确定定额子目及计算工程量和套用定额。

6. 确定工程量计算项目和工程量计算规则

在熟悉施工图纸的基础上，结合预算定额或单位估价表，列出全部所需编制预算的定额子目。预算定额或单位估价表中没有，但图纸上有的工程项目名称也应单独列出，以便编制补充定额或采用实物造价法进行计算。

建筑装饰预算定额的总说明和各章的说明，都规定了工程量的计算方法，只有熟悉上述规定才能正确计算各分部分项工程量。

7. 计算工程量

工程量计算是施工图预算的主要数据，它的正确与否直接影响到施工图预算的准确性，因此必须在工程量计算上狠抓功夫、找出规律，以保证施工图预算的质量和编制工作的需要。

计算工程量的工作，在整个施工图预算编制过程中是繁重而又细致的一道工序，花费时间比较长，直接影响到建筑装饰施工图预算的及时性。

8. 编制预算书

在计算单位工程量的基础上，可按照设计结构的特征及预算定额的工程内容，正确选择相应的预算定额单价，编制单位工程预算书，确定单位工程直接费及根据取费标准计算施工综合费和施工措施费，并汇总出工程预算造价，最后计算出单位工程的技术经济指标。

第三节 建筑面积指标的作用与工程量计算的一般原理

施工图预算编制人员必须在明确建筑面积指标的作用和工程量计算规则的情况下，才能编好施工图预算。

一、建筑面积指标的作用

（1）建筑面积是国家控制工程建设规模的重要指标之一，也是国家控制建筑标准的重要指标之一。

（2）建筑面积是初步设计阶段选择概算指标的依据之一。根据图纸计算出来的建筑面积和设计图纸表明的结构特征，查表找出相应的概算指标，从而可编制出概算书。

（3）建筑面积在施工图预算阶段是校对某些分部分项工程的依据，建筑装饰工程预算实际上是土建工程预算的一部分，因此可以用建筑面积的数量校对。

（4）建筑面积是计算单位建筑面积经济指标的基础。预算总值算出后除以建筑面积，可得出每平方米建筑面积的造价，即单方造价。单方造价是建筑装饰技术经济指示之一。为了控制投资，必须采用先进的技术、提高劳动生产率、节约原材料的消耗，使建筑装饰的单方造价在满足安全使用的条件下尽量降低。

二、建筑装饰工程量计算的一般原理

1. 正确计算工程量的意义

（1）正确选用计量单位　工程量是以物理计量单位或自然单位表示各个具体分项工程和建筑装饰配件、结构的数量。物理计量单位一般是指根据国务院 1985 年 9 月 6 日发布的《中华人民共和国计量法》中规定的长度、面积、体积、重量等计量单位，建筑装饰工程量是根据施工图规定的各个分部分项工程的尺寸、数量以及明细表等具体计算出来的。其计量单位各不相同，必须正确选用才能正确计算工程量。如建筑面积、楼地面的面积、墙面粉饰面积以平方米（m^2）为计量单位；栏板、扶手、管道、线路的长度以米（m）为计量单位；重量以 kg 为计量单位；另外还有以套、组为计量单位的项目。

（2）准确计算工程量才能正确计算建筑装饰工程费用　计算工程量是确定建筑装饰工程直接费用、编制单位工程预算书的重要环节，只有根据建筑施工图设备明细表，准确地计算工程数量才能正确地算出工程的直接费。如果工程量计算误差很大，即使是套用单位估价表，计算合价正确，编制出的预算书也是不正确的。

（3）工程量计算的质量直接影响经营管理和统计工作 工程量对于建筑装饰企业编制施工作业计划、合理安排施工进度、组织劳动力和物资供应都是不可缺少的，它是进行装饰工程财务管理与会计核算的重要指标，如编制年度财务收支计划、预收及结算工程价款、进行成本和经济活动分析等都离不开工程量指标。

2. 计算工程量的顺序和基本规则

（1）分项工程量之间的计算顺序 每一个单位工程都有分项工程，为了便于计算和审查工程量，防止遗漏或重复计算，必须按一定的顺序进行计算。一般民用建筑的装饰工程，应按下列顺序计算。

① 计算建筑面积。

② 计算外墙及内墙装饰。外墙装饰应根据装饰种类及墙面、腰线等分别计算；内墙应分踢脚线、隔断、墙裙、窗台、墙面及天棚抹灰、门窗及铁件油漆、粉刷等。

③ 计算其他项目如楼梯扶手等。

（2）按平面图上的顺序计算分项工程量 一般建筑装饰工程量，通常在平面中采用以下4种不同顺序计算。

① 按照顺时针方向。先从平面图左上方开始向右转，绕一圈后回到左上方。

② 按横竖顺序计算。从平面图上的横竖方向，从左到右，先外后内，先横后竖，先上后下逐步计算。

③ 按编号顺序计算。按照图纸上注明的编号顺序计算，如钢筋混凝土构件、门窗、金属结构等，可按照图纸的编号进行计算。

④ 按轴线顺序计算。对于复杂的工程，计算墙面、柱子、内外粉刷时，仅按上述顺序计算还可能发生重复或遗漏，这时可按图纸上的轴线顺序进行计算，并将其部位以轴线号表示出来。

工程量计算的顺序，并不完全限于以上几种，预算人员可根据自己的经验和习惯，采取各种形式和方法。总之，要求计算式简明易懂、层次清楚、有条不紊、算式统一，这样既易达到准确而不错漏，又易检查核算。

第四节 建筑装饰工程施工图预算的审查

在建筑装饰工程施工过程中，建筑装饰工程施工图预算反映了建筑装饰工程造价，它包括各种类型的建筑装饰和安全工程在整个施工过程中所发生的全部费用的计算。施工图预算由建设单位和审计单位负责审查。

一、审查建筑装饰工程施工图预算的意义

施工图预算是确定建筑装饰工程投资、编制建筑装饰工程计划、考核工程成本、进行工程竣工结算的依据，因此必须提高预算的准确性。在设计概算已经审定、工程项目已经确定的基础上，正确而及时地审查建筑装饰施工图预算，对合理控制工程造价、节约投资具有重要意义。

为提高建筑装饰工程施工图预算质量，预算审查部门一方面要帮助装饰企业提高建筑装饰预算编制人员的业务水平，另一方面要加强各部门对施工图预算审查的认识，提高预算的准确性。在就是要实事求是，在审查的基础上，予以合理的定案。如属于国家规定的政策性调价应作相应调整，但对一些属于巧立名目的不能听之任之，应予纠正。

二、审查施工图预算的内容

审查建筑装饰施工图预算主要是审查工程量的计算、定额的套用和换算、补充定额、其他费用及执行定额中的有关问题。

1. 工程量计算的审查

对工程量计算的审查，是在熟悉定额说明、工程内容、附注和工程量计算规则以及设计资料的基础上，审查预算的分部分项工程，看有无重复计算、错算和漏算。这里，仅对工程量计算中特别应该注意的地方说明如下。

（1）运距的计算　定额中的材料成品、半成品除注明者外，均已包括了从工地仓库、现场堆放点或现场加工点至操作地点的水平和垂直运输及运输和操作损耗，除注明者外不得调整。

（2）脚手架等周转性材料搭拆费　已包括在定额子目内，计算时不再计脚手架费用。

2. 定额套用的审查

审查定额套用，必须熟悉定额的说明、各分部分项工程的工作内容及适用的范围，并根据工程特点、设计图纸上构配件的性质，对照预算上所列的分部分项工程与定额所列的分项工程是否一致。

3. 定额换算的审查

定额规定，某些分部分项工程，因为用的材料不同、做法不同或断面厚度不同，可以进行换算。审查时要着重审查定额的换算是否按规定，换算中采用的材料价格应按定额套用的预算价格计算，不能按实际价格计算，需换算的要全部换算。

4. 补充定额的审查

补充定额的审查，要从编制原则出发，实事求是地进行。

审查补充定额是一项非常重要的工作，补充定额往往出入较大，应该引起重视。

当现行的预算定额缺项时，应当编制补充定额，以适应建筑装饰工程预（结）算的要求。编制补充定额时，应尽量采用原有定额中的定额子项，或参考现行定额中相近的项目，也可用其他省市定额中相近的其他定额子项，结合实际情况加以修改使用。

如果没有定额可参考时，可根据工程实测数据编补充定额，但要注意测算数据的真实性和可靠性。要注意补充定额单位估价表是否按当地的材料预算价格确定的材料单价计算，如果材料预算价格中未编入，可据实进行计算。

凡用补充定额单价或换算单价编制预算时，都应附上补充定额和换算单价的分析资料，一次性的补充定额，应经有关部门同意后，方可作为该工程的预（结）算依据。

5. 二次搬运费的规定

材料的二次搬运费定额上已有统一规定的，应按定额规定执行。

6. 执行定额的审查

对定额规定“闭口”部分，不得因工程情况特殊、做法不同或其他原因而任意修改、换算和补充。对定额规定的“活口”部分，必须严格按定额上的规定进行调整或换算，不能有利就换算，不利就不换算，审查时要注意以下 2 点。

（1）定额规定木材构件所需用的木材以一、二类木种为准，如使用三、四类木种时，应按系数调整人工费和机械费，但要注意木材单价也应作相应调整。

（2）装饰工程预算中有的项目人工费有个别工种可作调整，但不等于整个子项中的人工工资都可做全面调整。定额所列镶贴块料面层的大理石或花岗石，是以天然石为准，如采用人工大理石，其大理石单价可按预算价格换算，其他工料不变（注意只换算大理石的单价）。

三、审查的方法

1. 全面审查法

全面审查法，是从工程量计算、定额套用、费率取定等方面逐项审查，其步骤类似于预算的编制。这种方法全面、细致、审查质量高，缺点是工作量大、成本高。

2. 重点审查法

（1）对工程量大、费用高的项目进行重点审查。

（2）对各项费率的取值进行重点审查。主要审查各项费用的编制依据、编制方法和程序是否符合规定。工程性质、承包方式、施工企业性质、施工合同等都直接影响取费计算，应根据当地有关规定仔细审查。

重点审查法主要适用于审查工作量大、时间性强的情况，其特点是快速、质量基本能保证。

3. 经验审查法

经验审查法是指采用长期积累的经验指标对照送审预算进行审查。这种方法能加快审查速度，若发现问题，可再结合其他方法审查。

第五节 工程量编制实例

由于在（2000）定额中对每个定额子目均采用了“统一规则、参照耗量、放开价格、合同定价”的计价模式，即强调定额中的工程量计算规则作为计算工程量的依据，是必须共同遵守的规则。而消耗量定额逐步向参照性的控制标准过渡，从而引导市场参与各方以工程量计算规则为依据，参照消耗量定额，并参考市场信息价及综合费率，结合市场行情，以自主报价、合同定价的模式来适应市场经济发展需求。因此在本节例题中，只计算工程量，不计算直接费、综合间接费用（即综合费用）、施工措施费等费用，当然也不计算工程全部施工费用。

【例 6-1】 试计算某综合楼八层电梯厅室内装饰工程的各装饰项目的工程量。

一、工程概况

（1）八层电梯厅的楼面相对标高为 24m，天棚结构底面相对标高为 27.4m，室内外高差为 0.45m。

（2）吊顶采用轻钢龙骨（不上人型）纸面石膏板，吊筋直径为 8mm，龙骨间距为 400mm×400mm。

（3）纸面石膏板面刷清油 1 遍、批腻子 2 遍、刷立邦乳胶漆 3 遍，板底用自黏胶带粘贴。

（4）所有木材面采用亚光聚酯清漆磨退出亮（润油粉、刮腻子、刷理亚光聚酯清漆磨退出亮）。门套均为在石材面上用云石胶粘贴 150mm×30mm 成品花岗岩线条。

（5）门说明：M1 为电梯门，洞口尺寸为 900mm×2000mm（电梯门扇不包括在本工程量计算内）；M2 为双扇不锈钢无框地弹簧门（12mm 厚浮法玻璃），其洞口尺寸为 1500mm×2000mm，其上有地弹簧 2 只/樘；不锈钢管拉手 2 副/樘；M3 为榉木板门，其构造为一层细木工板＋双面 9cm＋双面红榉板，洞口尺寸为 1000mm×2000mm；每扇门有球形锁 1 把，合页 1 副，门吸 1 只。

（6）墙体厚度为 240mm。

（7）踢脚线均为 150mm 高蒙古黑花岗石（含门洞侧面）。

（8）楼面进行酸洗打蜡。

（9）楼面、墙面花岗岩面层及不锈钢板面均需进行成品保护。

（10）八层电梯厅图纸如图 6-1～图 6-6 及图 6-7 的大样图①、②所示。

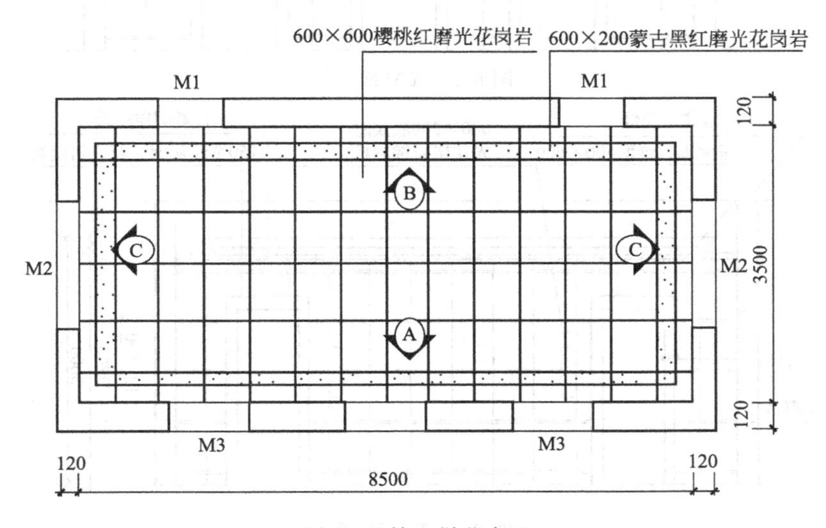

图 6-1　楼面拼花布置

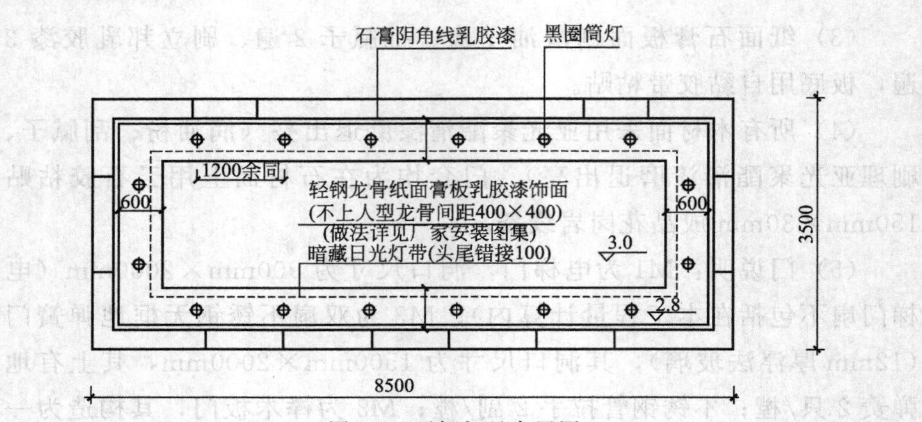

图 6-2 天棚灯具布置图

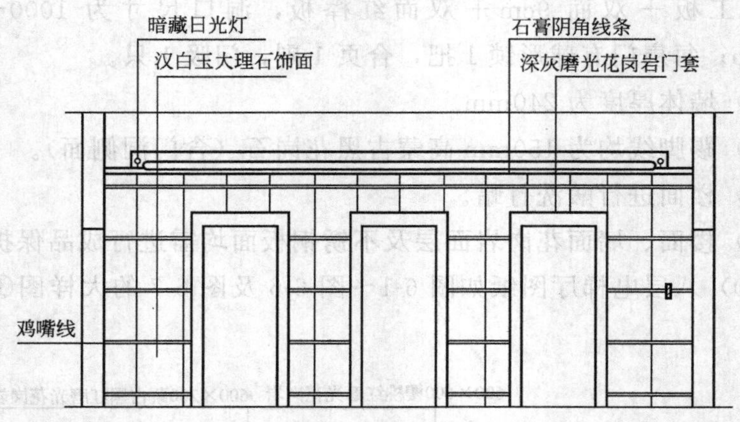

图 6-3 A 立面图

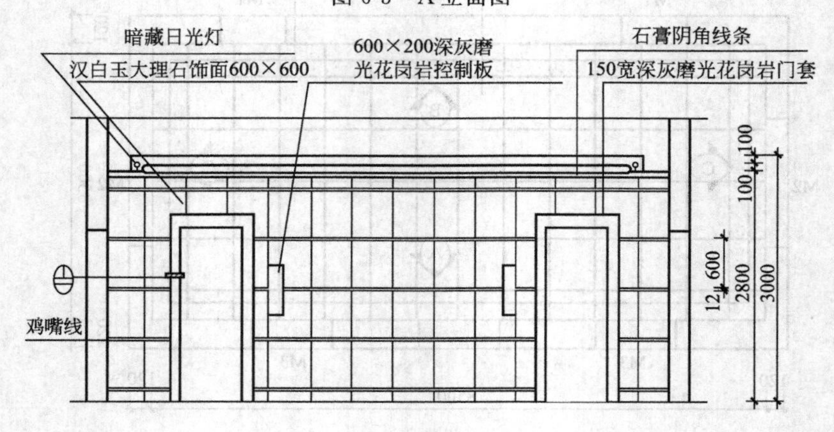

图 6-4 B 立面图

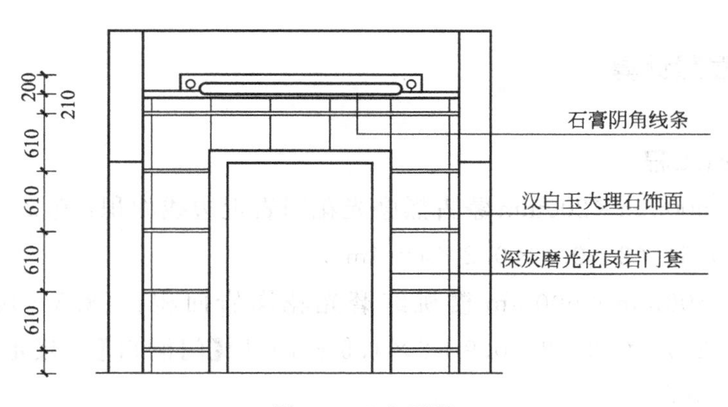

图 6-5　C 立面图

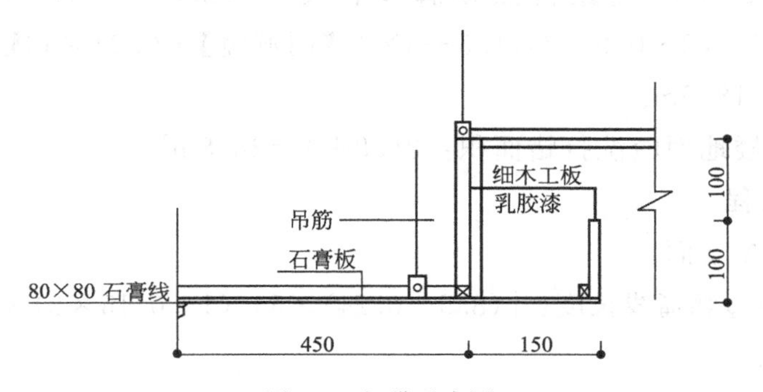

图 6-6　灯带示意图

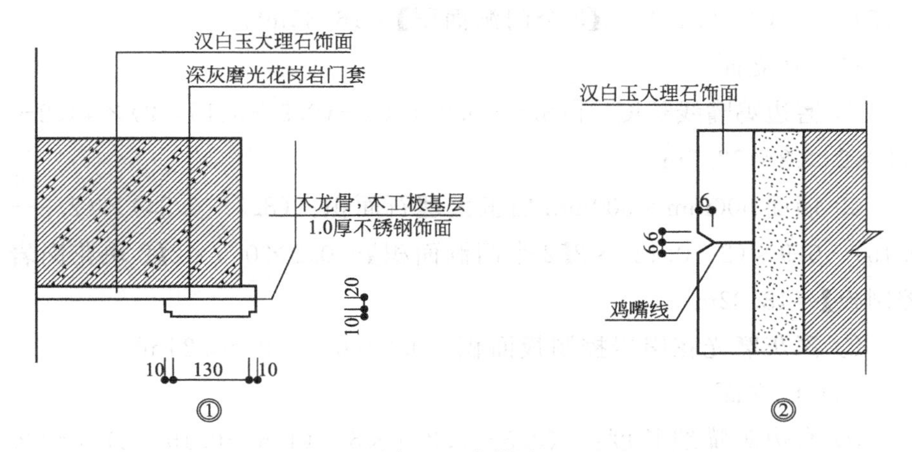

图 6-7　大样图

二、工程量计算

1. 楼地面工程

(1) 600mm×200mm 蒙古黑磨光花岗岩走边线面积：0.2×(0.6×12+4×0.6)×2+0.2×0.2×4=4m^2。

(2) 600mm×600mm 樱桃红磨光花岗岩面积：(8.5−0.24)×(3.5−0.24)+0.24(2×0.9+2×1.5+3×1)【门洞口】−4【走边线面积】=24.8m^2。

(3) 150mm 高蒙古黑踢脚线长度：[(8.5−0.24)+(3.5−0.24)]×2−(2×0.9+2×1.5+3×1)【门洞宽】+0.24×14【7 个门洞的侧面】=18.6m。

(4) 楼地面酸洗打蜡面积：24.8+4=28.8m^2。

2. 墙面工程

(1) A 立面。

① 磨边鸡嘴线长度：[(8.5−0.24)×5−(1+0.15×2)×4×3]×2=51.4m。

② 墙面 600mm×600mm 白玉大理石面积：(8.5−0.24)×(2.8−0.15)−1×(2−0.15)×3【3 个门洞面积】=16.35m^2。

(2) B 立面。

① 磨边鸡嘴线长度：[(8.5−0.24)×5−(0.9+0.15×2)×4×2−0.2×2]×2=62.6m。

② 墙面 600mm×600mm 白玉大理石面积：(8.5−0.24)×(2.8−0.15)−0.9×(2−0.15)×2【2 个门洞面积】−0.2×0.6×2【2 块花岗岩控制板】=18.32m^2。

③ 深灰磨光花岗岩控制板面积：0.2×0.6×2=0.24m^2。

(3) C 立面。

① 磨边鸡嘴线长度：[(3.5−0.24)×5−(1.5+0.15×2)×4]×2×2=36.4m。

② 墙面600mm×600mm白玉大理石面积：[(3.5−0.24)×(2.8−0.15)−1.5×(2−0.15)]×2=11.73m^2。

3. 天棚工程

(1) 二级轻钢龙骨天棚基层面积：(8.5−0.24)×(3.5−0.24)=26.93m^2。

其中净高3.0m处：(8.5−0.24−0.45×2)×(3.5−0.24−0.45×2)=17.37m^2。

净高2.8m处：26.93−17.37=9.56m^2。

(2) 凹凸型纸面石膏板面层面积：26.93+(8.5−0.24−1.2+3.5−0.24−1.2)×2+0.15×0.15×4【重叠部分】=29.76m^2。

(3) 石膏阴角线条长度：(8.5−0.24+3.5−0.24)×2=23.04m。

4. 门窗工程

(1) A立面。

① 150mm×30mm花岗岩门套线长度：[(1+0.15)+(2+0.15/2)×2]×3=15.9m。

② 榉木门面积：1×2×3=6m^2。

③ 不锈钢包门侧面：0.24×[1+(2−0.15)×2]×3=3.38m^2。

④ 榉木门五金件总量：合页3付，球形锁3把，门吸3只。

(2) B立面。

① 150mm×30mm花岗岩门套线长度：[(0.9+0.15)+(2+0.15/2)×2]×2=10.4m。

② 不锈钢包门侧面：0.24×[0.9+(2−0.15)×2]×2=2.21m^2。

(3) C立面。

① 150mm×30mm花岗岩门套线长度：[(1.5+0.15)+(2+0.15/2)×2]×2=11.6m。

② 双扇不锈钢无框门面积：1.5×2×2=6m^2。

③ 不锈钢包门侧面：0.24×[1.5+(2−0.15)×2]×2=2.5m^2。

④ 无框门五金件总量：地弹簧2×2=4只，不锈钢拉手2×2=4付。

5. 油漆工程

榉木门油漆面积：1×2×3＝6m²。

纸面石膏板刷乳胶漆面积：29.76m²。

【例 6-2】 计算某单间客房装饰工程的工程量（如图 6-8～图 6-11 所示）。

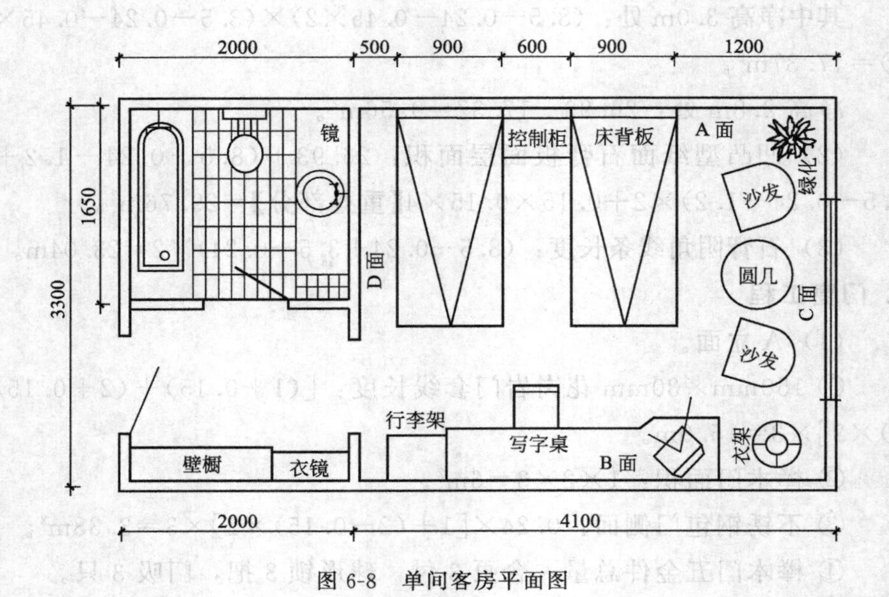

图 6-8 单间客房平面图

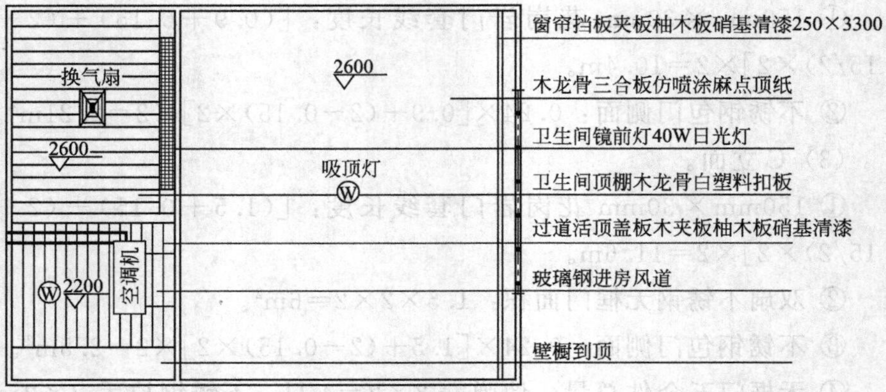

换气扇
2600
2600
吸顶灯
2200
空调机
窗帘挡板夹板柚木板硝基清漆250×3300
木龙骨三合板仿喷涂麻点顶纸
卫生间镜前灯40W日光灯
卫生间顶棚木龙骨白塑料扣板
过道活顶盖板木夹板柚木板硝基清漆
玻璃钢进房风道
壁橱到顶

图 6-9 单间客房顶棚图

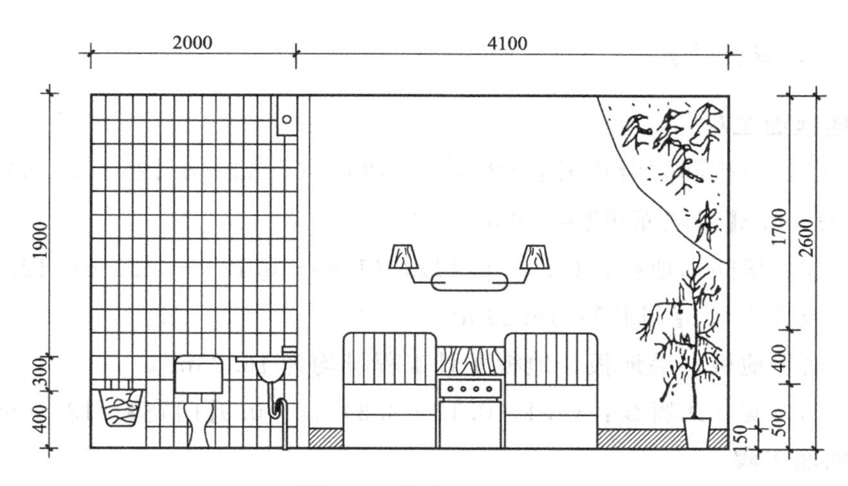

图 6-10　客房 A 立面图

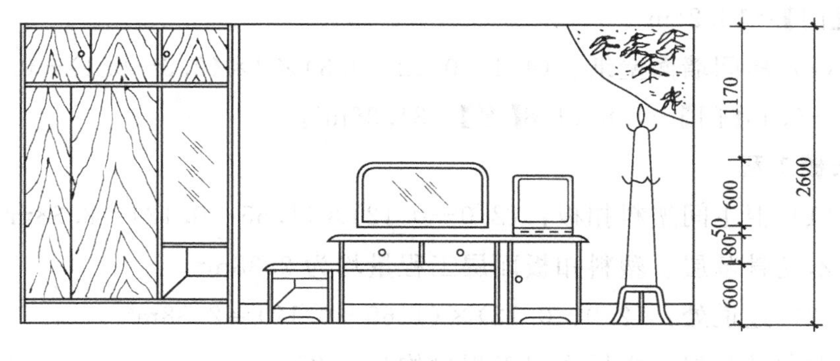

图 6-11　客房 B 立面图

(一) 施工说明

(1) 卫生间地面 200mm×200mm 防滑地砖，墙面 150mm×200mm 面砖。

(2) 房间地面为双层木地板刷硝基清漆，100mm 实木踢脚线，墙面壁纸。

(3) 实木门规格 900mm×2100mm，铝合金窗规格 1800mm×1800mm。

(4) 其他工程参照施工图。

（二）工程量计算

1. 楼地面工程

（1）卫生间防滑地砖：(2.0－0.12)×(1.65－0.12)－(1.65－0.12)×0.6【浴缸面积】＝1.96m^2。

（2）房间木地板：(2.0－0.12)×(1.65－0.12)＋(4.1－0.12)×3.3＋0.24×0.9【门洞】＝16.23m^2。

面层地板、毛地板、地板龙骨工程量均为16.23m^2。

（3）实木踢脚线：(4.1－0.12＋3.3)×2－0.9【门宽】＝13.66m。

2. 墙面工程

（1）卫生间墙砖：[(2.0－0.12)＋(1.65－0.12)]×2×2.6－0.9×2.1【门】＝18.24m^2。

（2）房间墙面壁纸：(4.1－0.12＋3.3)×2×(2.6－0.1)－0.9×(2.1－0.1)【门】－1.8×1.8【窗】＝31.36m^2。

3. 天棚工程

（1）卫生间塑料扣板：(2.0－0.12)×(1.65－0.12)＝2.88m^2。

木龙骨基层、塑料扣板面层工程量均为2.88m^2。

（2）过道处：(2.0－0.12)×(1.65－0.12)＝2.88m^2。

木龙骨基层、木板面层工程量均为2.88m^2。

（3）房间：3.3×(4.1－0.12)＝13.13m^2。

木龙骨基层、三合板面层及壁纸工程量均为13.13m^2。

4. 门窗工程

（1）实木门：0.9×2.1＝1.89m^2。

（2）铝合金窗：1.8×1.8＝3.24m^2。

5. 油漆工程

（1）窗帘挡板硝基漆（双面）：0.25×3.3×2＝0.165m^2。

（2）实木门硝基漆：1.89m^2。

（3）过道处天棚硝基漆：2.88m^2。

（4）地板水晶漆：16.23m²。

【例 6-3】 计算某小餐厅装饰工程的工程量（如图 6-12～图 6-17 所示）。

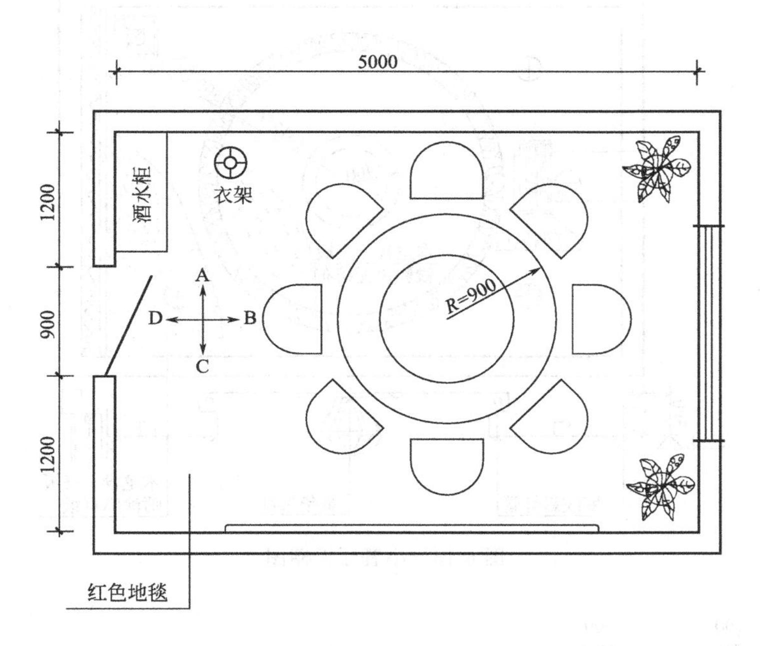

图 6-12 小餐厅平面图

（一）施工说明

（1）地面红色地毯满铺。

（2）实木门规格 900mm×2100mm，铝合金窗规格1800mm×1800mm。

（3）其他工程参照施工图。

（二）工程量计算

1. 楼地面工程

（1）地面。

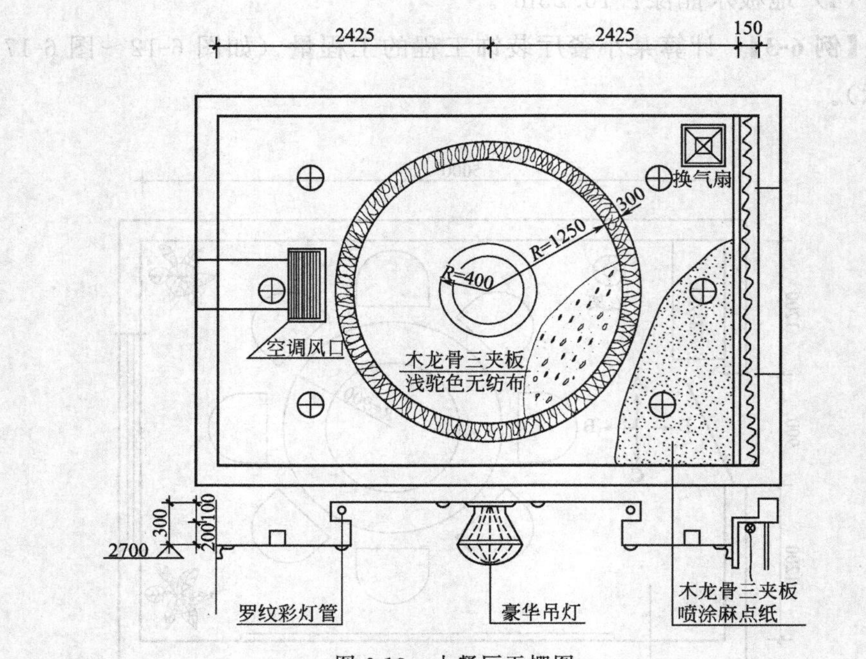

图 6-13　小餐厅天棚图

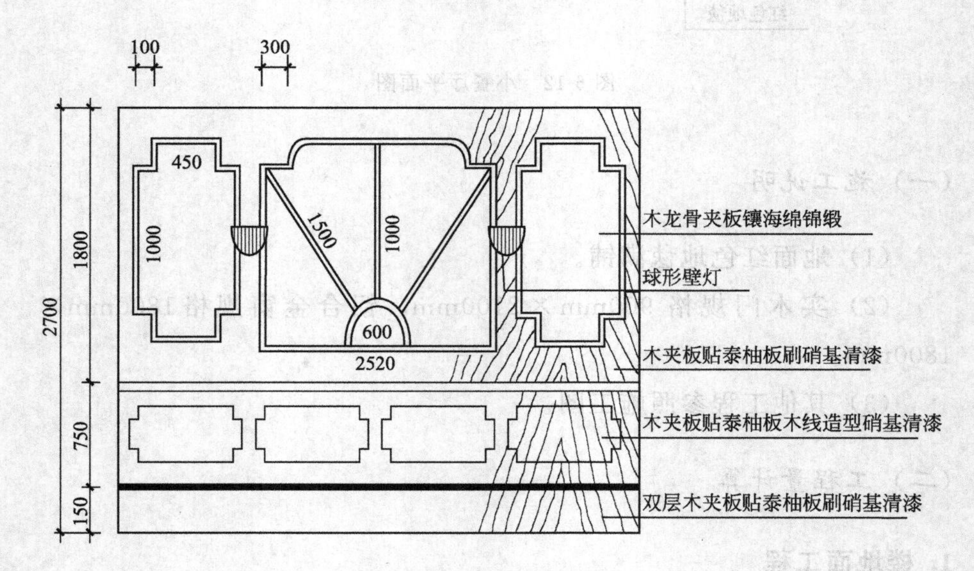

图 6-14　小餐厅 A 立面图

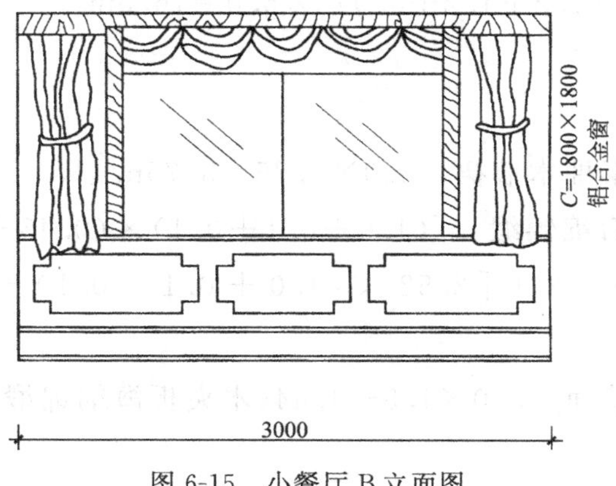

图 6-15　小餐厅 B 立面图

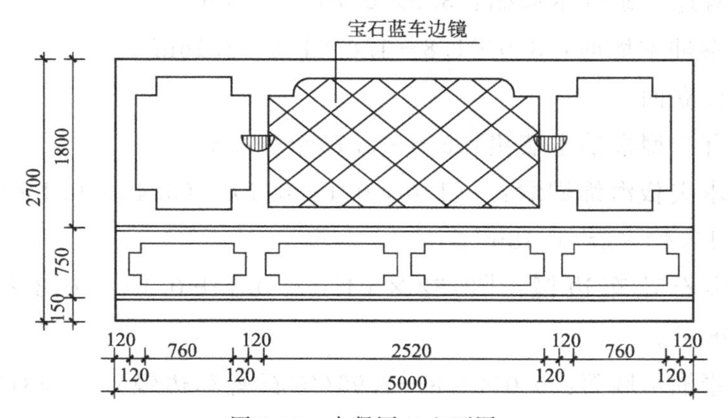

图 6-16　小餐厅 C 立面图

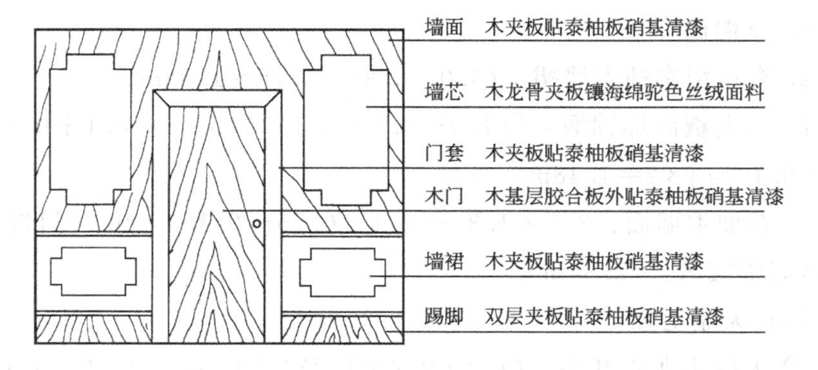

图 6-17　小餐厅 D 立面图

红色地毯：(1.2+1.2+0.9) ×5.0=16.5m²。

(2) 墙面。

① A立面

a. 有造型泰柚木墙裙：5.0×0.75=3.75m²。

b. 木夹板海绵锦缎：[(1.0+0.1+0.1)×(0.45+0.1+0.1)－0.1×0.1×4]×2+[2.52×(1.0+0.1+0.1)－0.3×0.1×2]=4.44m²。

c. 泰柚木墙面：5.0×1.8－4.44(木夹板海绵锦缎)=4.56m²。

② B立面

a. 有造型泰柚木墙裙：3.0×0.75=2.25m²。

b. 泰柚木墙面：3.0×1.8－1.8×1.8=2.16m²。

③ C立面

a. 有造型泰柚木墙裙：5.0×0.75=3.75m²。

b. 木夹板海绵锦缎：[(1.0+0.1+0.1)×(0.45+0.1+0.1)－0.1×0.1×4]×2=1.48m²。

c. 宝石蓝车边镜：[2.52×(1.0+0.1+0.1)－0.3×0.1×2]=2.96m²。

d. 泰柚木墙面：5.0×1.8－2.96(宝石蓝车边镜)－1.48(海绵锦缎)=4.56m²。

④ D墙面

a. 有造型泰柚木墙裙：(3.0－0.9)×0.75=1.58m²。

b. 木夹板海绵锦缎：[(1.0+0.1+0.1)×(0.45+0.1+0.1)－0.1×0.1×4]×2=1.48m²。

c. 泰柚木墙面：3.0×1.8－(2.1－0.75－0.15)×0.9(门口)－1.48(海绵锦缎)=2.84m²。

(3) 天棚工程。

① 天棚木龙骨基层：(1.2+0.9+1.2)×(5－0.15)+2×3.14×(1.25+0.3)×0.1(圆吊顶侧面)+2×3.14×(1.25+0.3)×0.3(外圆

异型侧面）＋2×3.14×1.25×0.2（内圆异型侧面）＝21.46m²。

② 天棚三夹板基层：21.46m²。

③ 浅驼色无纺布：3.14×1.25²＝4.91m²。

④ 壁纸：21.46－4.91＝16.55m²。

（4）门窗工程。

① 铝合金窗：1.8×1.8＝3.24m²。

② 泰柚木木门：2.1×0.9＝1.89m²。

③ 泰柚木窗套：[（1.8＋0.2）×4]×0.2（窗套宽）＝1.6m²。

④ 泰柚木门套：[（2.1＋0.2）×2＋（0.9＋0.2）]×0.2（窗套宽）＝1.14m²。

（5）油漆工程。

① 踢脚线：（5.0×2.0＋3.3×2.0－0.9）×0.15＝2.36m²。

② 有造型泰柚木墙裙：3.75＋3.75＋2.25＋1.58＝11.33m²。

③ 泰柚木墙面：4.56＋4.56＋2.16＋2.84＝14.12m²。

④ 泰柚木窗套：1.6m²。

⑤ 泰柚木门套：1.14m²。

⑥ 泰柚木木门：1.89m²。

（6）其他工程。

① 天棚木压条：（2.425＋2.425）×2＋2×3.14×0.4＋2×3.14×1.25＋（1.2＋1.2＋0.9）×2＝26.66m。

② A墙面木线条：5.0＋（1.0＋0.1＋0.1＋0.45＋0.1＋0.1）×2×2＋[1.5×2＋1＋（2.52－0.3＋1.2）×2]＋3.14×0.6/2＝25.42m。

③ B墙面木线条：3m。

④ C墙面木线条：5.0＋（1.0＋0.1＋0.1＋0.45＋0.1＋0.1）×2×2＋（2.52－0.3＋1.2）×2＝19.24m。

⑤ D墙面木线条：（1.0＋0.1＋0.1＋0.45＋0.1＋0.1）×2×2＋3－0.9＝9.5m。

⑥ 踢脚线：5.0×2.0＋3.3×2.0－0.9＝15.7m。

复习思考题

1. 编制建筑装饰工程施工图预算的依据有哪些？
2. 编制施工图预算的具体步骤如何？
3. 工程量计算的顺序和基本规则如何？
4. 简述在平面图中计算工程量的顺序。
5. 简述施工图预算审查的主要内容。
6. 简述施工图预算审查的审查方法。

第七章　建筑装饰工程招标投标

第一节　概　　述

一、概念

招标投标是市场经济中用于采购大宗商品或建设工程的一种交易方式。

招标是指招标人利用报价的经济手段择优选购商品的购买行为，工程建设项目中，按照公布的条件，挑选承担可行性研究、方案论证、勘察、设计、施工及设备等任务的单位所采取的一种方式。

投标是指投标人利用报价的经济手段销售自己商品的一种交易行为。在工程建设中是指凡有合格资质和能力并愿按招标者的意图、愿望和要求承担任务的施工企业，经过对市场的广泛调查，掌握各种信息后，结合企业的自身能力，掌握好工期、价格和质量的关键因素，在指定的期限内填写标书、提出报价、向招标者致函，请求承包该项工程。

招标投标制是为了维护招标人与投标人之间的经济权力、经济责任、经济利益和义务而制定的一种制度。招标投标制是实现工程项目法人责任制的重要保障措施之一。

二、基本要求

(1) 工程项目的建设应用招标投标的方式选择实施单位。

以下工程可以采用直接委托的形式。

① 限额以下（50 万元以下或根据各地的规定）的建设工程项目。

② 抢险救灾等紧急情况下的工程。

③ 保密工程。

④ 法律法规规定的其他工程。

（2）工程项目招标必须符合工程建设管理程序。

（3）招标投标必须按法规规定的程序进行。

（4）招标投标必须接受建设主管部门的监督管理。

三、建设工程实行招标投标制的优越性

（1）有利于确保和提高工程质量，贯彻优质优价的原则。

（2）有利于缩短施工工期。

（3）有利于降低工程造价。

（4）有利于提高投资效益。

（5）有利于提高企业素质。

（6）有利于调动各方面的积极性。

（7）有利于简化结算手续。

四、招标的方式

根据新的《中华人民共和国招标投标法》，招标有公开招标、邀请招标 2 种方式。

1. 公开招标（无限竞争性招标）

公开招标是指招标单位通过报刊、广播、电视、电子网络或其他媒体发布招标公告，凡具备相应资质、符合招标条件的单位不受地域和行业的限制，均可以申请投标。

这种招标方式的优点是可以充分竞争，体现公开和平等竞争的原

则。缺点是评标的工作量大，招标的时间较长、费用高。一般设置资格预审程序。

2. 邀请招标（有限竞争性招标）

邀请招标是指招标单位向预先选择的若干家具备相应资质、符合招标条件的单位发出投标邀请函，将招标工程的情况、工作范围和实施条件等作出简要说明，请他们参加投标竞争。邀请的企业个数不能少于 3 家。

这种方式的缺点是竞争的范围有限，招标单位拥有的选择余地相对较小，有可能提高中标的合同价，也可能在邀请对象中排除了在技术和报价上有竞争力的施工企业。

第二节　建设工程施工公开招标程序

一、建设工程施工公开招标程序流程图

建设工程施工公开招标程序流程图如图 7-1 所示。

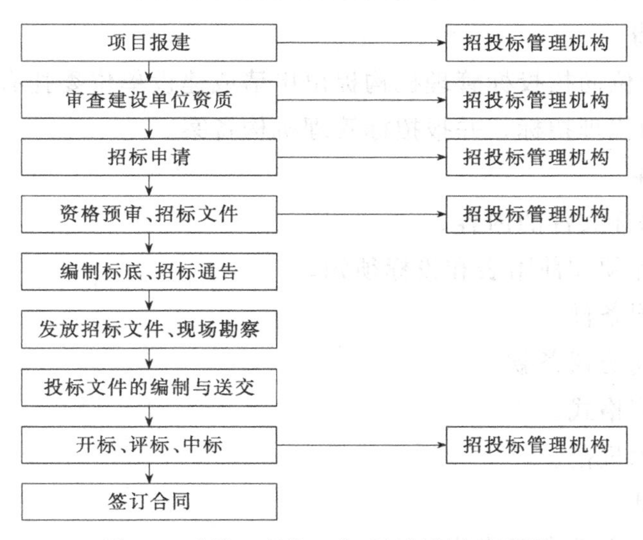

图 7-1　建设工程施工公开招标程序流程图

二、建设工程施工公开招标程序说明

1. 建设项目工程报建

（1）报建条件　立项批准文件。

（2）报建范围　各种房屋建筑、土木工程、设备安装、管线敷设、装饰装修等工程。

（3）报建内容　工程名称、建设地点、投资规模、资金来源等。

（4）交验资料　立项批准文件、资金证明等。

2. 建设单位应具备的条件

（1）是法人或依法成立的组织。

（2）有与招标工程相适应的经济技术管理人员。

（3）有组织编制招标文件的能力。

（4）有审查招标单位资质的能力。

（5）有组织开标、评标、定标的能力。

凡不具备以上（2）～（5）项条件的建设单位，必须委托有相应资质的中介机构代理招标，并报招标管理机构备案。

3. 招标申请

建设单位向招投标管理机构提出申请或建设单位委托有相应资质的中介机构代理招标，并报招标管理机构备案。

4. 招标文件

（1）招标文件的内容。

① 投标须知前附表和投标须知。

② 合同条件。

③ 合同协议条款。

④ 合同格式。

⑤ 技术规范。

⑥ 图纸。

⑦ 投标文件参考格式。

⑧ 投标书及投标附录，工程量清单与报价表、辅助资料表、资格审查表。

(2) 招标文件部分内容的编写。

① 评标原则与评标办法（按当地的有关规定执行）。

② 投标价格。一般结构不太复杂或工期在 12 个月以内的工程，可采用固定价格，同时考虑一定的风险系数；结构复杂或大型工程或工期在 12 个月以上的应采用调整价格，调整的方法及范围应在招标文件中明确。

(3) 投标价格的计算依据。工程计价类别；执行的定额标准及取费标准；工程量清单；执行的人工、材料、机械设备政策性调整文件等；材料设备计价方法及采购、运输、保管责任等。

(4) 质量和工期要求。工程质量有合格和优良 2 种，并实行优质优价。工期比工期定额缩短 20%及以上的，应计取赶工措施费。以上 2 条均应在招标文件中明确。

(5) 奖罚的规定。工期拖延或工期提前的处理应在招标文件中明确。

(6) 投标准备时间（28 天）。

(7) 投标保证金。投标保证金的总额不超过投标总价的 2%，可以采用现金、支票、银行汇票或银行出具的银行保函，其有效期应超过投标有效期的 28 天。

(8) 履约担保。履约保证可以采用银行保函（5%）或履约担保书（10%）。

(9) 投标有效期。投标有效期是指自投标截止日起至公布中标之日为止的一段时间，有效期的长短根据工程的大小、繁简而定。按照国际惯例，一般为 90～120 天，我国规定为 10～30 天。也有地方规定：结构不太复杂的中小型工程为 28 天；其他工程为 56 天。

投标有效期一般是不能延长的，但在某些特殊情况下，招标者要求延长投标有效期也是可以的，但必须征得投标者的同意。投标者拒绝延长投标有效期的，招标者不能因此而没收其投标保证金；同意延长投标有效期的投标者，不应要求在此期间修改其投标书，而且投标者必须同时相应延长其投标保证金的有效期。

（10）材料或设备采购供应。材料或设备采购、运输，保管的责任应在招标文件中明确，还应列明建设单位供应的材料的名称或型号、数量、供货日期和交货地点，以及所提供的材料或设备的计划和结算退款的方法。

（11）工程量清单。

（12）合同条款。

5. 工程标底价格的编制（略）

6. 发放招标文件

（1）发放的对象　愿意参加投标的有资质单位。

（2）招标文件的修改或补充　均应经过招投标管理机构审查同意后并在投标截止日期前，同时发给所有投标单位。

（3）招标文件的确认　收到时应经过认真核对后予以确认，有疑问或有不清楚的问题需要解释，应在收到招标文件7日内以书面形式向招标单位提出，招标单位应以书面形式向投标单位作出解答。

7. 勘察现场

（1）时间安排　投标会议的前1～2天。

（2）问题处理　均以书面形式。

（3）介绍的内容　施工现场是否达到招标文件规定的条件；施工现场的地理位置和地形、地貌；地质、土质、地下水位、水文情况；施工现场的气候条件、环境条件；临时设施的搭建等。

8. 投标文件的编制与递交

（1）投标文件的编制。投标文件应完全按照招标文件的各项要求编制，主要包括以下内容。

① 投标书。

② 投标书附录。

③ 投标保证金。

④ 法定代表人资格证明。

⑤ 授权委托书。

⑥ 具有标价的工程量清单及报价表。

⑦ 辅助资料表。

⑧ 资格审查表。

⑨ 对招标文件中的合同协议条款内容的确认和响应。

⑩ 按招标文件规定提交的其他资料。

（2）投标文件的递交和接收。

① 递交。在投标截止时间前按规定的地点递交至招标单位（或招标办）。在递交投标文件之后，投标截止日期之前，投标单位可以对递交的投标文件进行修改和撤回，但所递交的修改或撤回通知必须按招标文件的规定进行编制、密封和标识。

② 接收。在投标截止时间前，招标单位应做好投标文件的接收工作，在接收中应注意核对投标文件是否按招标文件的规定进行密封和标识，并做好接收时间的记录等。在开标前，应妥善保管好投标文件、修改和撤回通知等投标资料。由招标单位管理的投标文件需经招投标管理机构密封或送招投标管理机构统一保管。

9. 开标

（1）主持　招标单位。

（2）时间、地点　招标文件规定。

（3）参加的人员　投标单位的法定代表人或其授权的代理人、招标管理机构、公证人员等。

（4）会议程序　开标会议程序如下。

① 主持人宣布开标会议开始。

② 投标单位代表确认其投标文件的密封完整性，并签字予以确认。

③ 宣读招标单位法定代表人资格证明书及授权委托书。

④ 介绍参加开标会议的单位和人员名单。

⑤ 宣布公证、唱标、评标、记录人员名单。

⑥ 宣布评标原则、评标办法。

⑦ 由招标单位检验投标单位提交的投标单位资料，并宣读核查结果。

⑧ 宣读投标单位的投标报价、工期、质量、主要材料用量、投标保证金、优惠条件等。

⑨ 宣读评标期间的有关事项。

⑩ 宣布休会，进入评标阶段。

⑪ 宣布复会，招标管理机构宣布标底，公布评标结果。

⑫ 会议结束。

(5) 唱标顺序　按各投标单位报送投标文件的逆顺序。

10. 评标、定标、中标和合同签订

(1) 评标的程序　评标的程序主要包括以下内容。

① 评标组织成员审阅投标文件，其主要内容包括以下3点。

a. 投标文件的内容是否实质上响应招标文件的要求。

b. 投标文件正副本之间的内容是否一致。

c. 投标文件是否有重大的漏项、缺项。

② 根据评标办法实施细则的规定进行评标。

③ 评标组织负责人对评标结果进行校核，确定无误后，按优劣或得分高低进行排列。

④ 评标组织根据评标情况写出评标报告。

(2) 定标的方式　定标的方式如下。

① 招标人定标。招标人对评标组织提交的评标报告复核后，提出中标人选，报招投标管理机构核准，确认中标人。

② 招标委托评标组织定标。评标组织应将评标结果排名第一的投标人列为中标人选，报招投标管理机构核准，确定中标人。

③ 凡委托评标组织定标的，投标人不得以任何理由否定中标结果。

(3) 定标的时间要求　开标当天定标的项目，可复会宣布中标人；开标当天不能定标的项目，自开标之日起一般不超过7天定标；结构复杂的大型工程不超过14天定标。特殊情况下经招投标管理机构同意可适当延长。

（4）中标通知书的发放　定标后招标人应在5天内到招投标管理机构办理中标通知书，发给中标人，同时通知未中标人在1周内退回招标文件及图纸，招标人返还投标保证金。

（5）签订合同　中标通知书发出后，中标人应在规定期限内（结构不太复杂的中小型工程7天，结构复杂的大型工程14天），按指定的时间和指定的地点，依据《中华人民共和国合同法》、《建设工程施工合同管理办法》的规定，依据招标文件、投标文件与招标人签订施工合同，同时按照招标文件的约定提交履约担保，领取投标保证金。

若招标人拒绝与中标人签订合同，除双倍返还投标保证金、赔偿有关损失外，还需补签施工合同；若中标人无正当理由拒绝签订施工合同，经招投标管理机构同意后，招标人有权取消其中标资格，并没收其投标保证金。

第三节　建设工程施工投标须知

一、遇有下列情况对投标单位作自动放弃投标权处理

（1）投标单位未报送投标申请书的。

（2）投标单位未参加标前会的。

（3）投标单位未按招标文件要求的时间送交标书的。

（4）投标单位未参加开标会或迟到15min以上的。

（5）投标单位法定代表参加，但开标会时不能出示法定代表人证书（或企业法人营业执照）和身份证的，或虽出示法定代表人证书（或企业法人营业执照）和身份证，但其本人未参加开标会的。

（6）投标单位法定代表人授权代理人参加开标会时，其代理人当场不能出示有效的法定代表人授权委托书、企业法人营业执照及身份证的，或虽出示上述证件但代理人本人未出席开标会的。

二、遇有下列情况时对投标单位的标书作无效标书处理

（1）标书袋有较大破损致使标书资料可以从标书袋中抽出。

（2）标书袋袋口处未贴密封条或密封条两骑缝处未加盖单位法人章和投标单位法人代表印章的，或虽加盖印章但数量不够的（每一骑缝处不少于各2枚）。

（3）投标书未按招标文件要求装订成册的。

（4）装订成册的标书没有封面或虽有封面但封面上未注明投标工程名称的。

（5）装订成册的标书封面上未加盖投标单位法人章和投标单位法人代表印章的。

（6）装订成册的标书没有目录或虽有目录但未注明第几项标书资料的起止页码号的。

（7）装订成册的标书未编页码号的。

（8）未装订的标书资料任何一份上缺盖投标单位法人章和投标单位法人代表印章的。

（9）标书资料不全或份数不够的。

（10）投标综合说明中未对招标文件的各项条款明确表示认可和接受的。

（11）标书内容未达到招标文件要求或违反有关规定的，如不按招标文件规定的格式、内容和要求填写，投标文件字迹潦草、模糊、无法辨认。

（12）投标综合说明及标函汇总表中有涂改和行间插字处未加盖投标单位法人代表印章的。

（13）投标人在一份文件中对同一招标项目报有2个或多个报价且未书面声明以哪个报价为准的。

（14）投标人与通过资格预审的单位在名称上和法人地位上发生改变的。

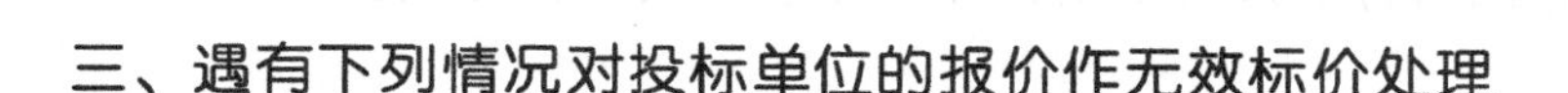

三、遇有下列情况对投标单位的报价作无效标价处理

（1）在采用单因素评标定标法时，投标报价的定额直接费（有安装工程时含调整前的定额基价），超出（或低于）标底定额直接费（有安装工程时含调整前的定额基价）的规定幅度的。

（2）在采用单因素投标定标法时，投标最终报价与标底总价相比，超出（或低于）标底总价的规定幅度的。

（3）在采用综合评分评标定标法时，投标报价的定额直接费（有安装工程时含调整前定额基价）超出（或低于）标底定额直接费（有安装工程时含调整前的定额基价）的规定幅度的。

（4）凡经按定额直接费筛选被作为无效标价处理的，即被淘汰，不得参加第二轮筛选。

（5）凡经按定额直接费筛选被作为无效标价处理的，即被淘汰，对其标书标价不再评分打分。

（注：投标单位“法人代表”是指投标单位法定代表人或投标单位法定代表人授权委托的代理人；投标单位“法人章”是指投标单位公章。）

第四节　建设工程施工评标定标办法

一、评标定标办法的确定

评标定标工作应严格按照开标前宣布的评标定标办法进行，开标后不得变更。

二、评标小组成员的组成

评标小组成员一般由 9 人组成，其中招标单位（含其主管部门）

2 人，招投标机构管理人员 3 人，评标专家 3 人，公证人员 1 人。

三、评标定标的方法

在评标过程中，评标组织认为需要，在招投标管理机构人员在场的情况下，可要求投标单位对其投标文件中的有关问题进行澄清或提供补充说明及有关资料，投标人应作出书面答复，但书面答复中不得变更价格、工期自报质量等级等实质性内容，书面答复须经法定代表人或其授权委托的代理人签字或盖章，该书面答复将作为投标文件的组成部分。

评标完成后，评标组织的负责人对评标结果进行校核，确定无误差后，按优劣或得分高低进行排列。评标组织根据评标情况写出评标报告，最后确定中标人。

评标小组应采用下列办法进行评标、定标。

1. 单因素评标定标法

单因素评标定标法是仅对投标单位所报报价进行评标，选其中最低标价中标的一种评标方法。凡住宅楼工程，不论造价高低、面积大小，均应采用单因素评标定标法，选定中标单位。这种方法的具体办法如下。

（1）筛选有效标价。凡投标报价的定额直接费与标底定额直接费相比较，超出（或低于）标底定额直接费的规定幅度的投标报价为无效报价。

（2）按定额直接费进行第一轮筛选后，再按总报价进行第二轮筛选。凡标价总额与标底总额比较，超出（或低于）标底价总额一定幅度的投标报价为无效报价。经第一轮筛选的无效报价不再进行第二轮筛选。

（3）在满足招标文件对工期（不考虑投标单位自报的工期提前因素）质量要求的前提下，在经过第二轮筛选确定的有效报价范围内选最低标价中标。

2. 综合打分评标定标法

综合打分法是对投标单位所报标价、主要装饰材料用量、工期、质量、施工方案、企业信誉进行评议打分，以得分（平均分）高低确定中标单位的方法，其具体操作方法如下。

（1）筛选有效标价。凡投标报价的定额直接费超出（或低于）标底定额直接费的规定幅度的，为无效标价。

（2）评分项目及标准参见表 7-1。

表 7-1　评分项目及标准

项　　目	子　　项	基　本　分
标价		60
主要装饰材料		10
质量		10
工期		5
施工组织设计		10
企业信誉		5
合计		100

（3）评分办法（各地自行制定，以下数据仅供参考）。

① 标价分基本分为 60 分。

a. 投标总价每高于标底总价 1%，标价分减 10 分（不足 1%时四舍五入）；超过标底总价 2%时，标价为 0 分。

b. 投标总价每低于标底总价 1%时，标价分加 5 分（不足 1%时四舍五入）；低于标底总价 7%时，标价为 0 分。

② 主要装饰材料数量分，基本分为 10 分。

一般根据具体装饰工程来确定：投标报价某材料总量与标底总量比较，误差在规定范围内的，得规定的分数（评标前定出），超出规定误差范围得 0 分。

③ 工程质量分，基本分为10分。

投标报价质量等级为合格，工程质量分得10分，报优良加5分。开标之日起往前推，2年内施工单位每施工一个优良工程加1分。

本地施工企业须持本地区质量监督站颁发的优良工程证书，外地施工企业须持工程所在地政府质检部门颁发的优良工程证书。所有投标单位所持优良工程证书均要有发证单位盖章证明施工该工程的施工单位名称及项目经理姓名。凡弄虚作假者，一经查出，2年内取消其投标资格。

④ 工期分，基本分为5分。

投标所报工期，满足招标文件要求，工期得5分，每提前10天加1分（每提前1天加0.1分）。

⑤ 施工方案和技术措施以能确保工期、质量、安全和环境保护为准，具体分数划分如下。

a. 能确保工期：得2.5分。

b. 能确保投标所报质量等级标准：得2.5分。

c. 能确保施工安全：得2.5分。

d. 能达到环境保护要求：得2.5分。

施工方案由评标小组中的评标专家负责阅读分析评价，分数由评标专家评定，评标小组其他成员不打施工方案分。

⑥ 企业信誉分，基本分为5分。

企业信誉主要考虑投标企业的管理、施工技术、机械装备水平，及在以往施工中与建设单位的协作配合、重合同守信用情况评分，好者得5分，差者减分，但最多减2分。

评标小组每个成员根据上述评分标准及办法，对每个投标企业各自单独打分（公证处代表不参与打分），并将分数填入“评分记录表”。不按评分标准和办法打分的为无效评分。评分表填好后，由公证处代表收集核对张数无误后，逐张宣读评分结果，确认有效评分，剔除无效评分，然后将各张记分表上各投标企业的得分总和除以记分表张数，以平均得分最高者为中标单位。评分记分表的格式参见表7-2。

表 7-2 评分记分表

评分项目		基本分	与标底比较	加分	减分	单项得分
标价分		60				
主要装饰材料分						
		（总 10）				
工程质量分	合格	10				
	优良					
	2 年内优良工程数					
工期分	工期满足要求	5				
	工期提前					
施工方案分	能确保工期	2.5				
	能确保质量等级	2.5				
	能达到环保要求	2.5				
企业信誉分		5				
合计总得分						

3. 综合评议法

特殊工程可采用综合评议法。综合评议法是在充分阅读标书，认真分析标书优劣的基础上，评标小组成员经过充分讨论确定中标单位的一种方法。

（1）确定中标单位的标准。

① 投标报价较低，且报价合理。

② 对招标文件认可程度高。

③ 报价工程质量等级高、工期短。

④ 施工方案和技术措施切实可行，能确保工期、质量、安全，环保措施好。

⑤ 施工企业管理、施工技术、装备水平高，与建设单位协作配

合好，重合同、守信用。

（2）综合评议的方法。

① 筛选有效报价，先按定额直接费筛选，凡投标报价的定额直接费与标底定额直接费比较，超过（或低于）规定幅度时为无效报价，对其标书不再评议。按定额直接费进行初选后，再按投标总价进行第二轮筛选。凡投标报价总额与标底价总额比较，超过（或低于）标底价总额的一定幅度时，为无效报价，对其不再进行评议。凡按定额直接费筛选后确定其为无效报价的不再进行第二轮筛选。

② 在经过第二轮筛选后确定的有效报价中，选取最低报价，再按评议中标单位标准中的后 4 项标准，逐项对照，若全部符合，即可确定其为中标单位。

③ 若按评议中标单位标准的后 4 项对照，最低报价不能全部符合要求时，可选次低报价，对照后 4 项标准进行评议，若能符合，则可选次档报价为中标单位。

④ 若最低报价与次低报价与后 4 项标准对照都不能全部符合时，选其中最优者为中标单位。

⑤ 中标单位只能在最低报价与次低报价中选。

⑥ 施工方案与技术措施的评议，由评标专家进行，评标小组其他成员只能听取专家评议意见，不参与评议，以评标专家评议意见为准。

第五节　建筑装饰工程投标报价

一、装饰工程投标报价的特点及依据

装饰工程投标报价是根据装饰企业的管理水平、技术力量、生产水平等实际情况，计算出拟建装饰工程的实际造价，在此基础上，考虑投标策略、利润、适当风险以及本企业实际情况后确定出投标报

价，因此它具有策略性和接近实际预算价的正确性。

装饰工程投标报价不同于装饰工程的概（预）算，它是根据施工企业的实际情况及对装饰工程的理解程度来确定的。对同一装饰工程来讲，不同企业的投标报价是不同的，即使是同一企业，由于考虑的利润和风险不同，其报价也不同，因此投标报价直接反映了施工企业的实际水平和竞争策略。

装饰工程投标报价是装饰工程投标工作的重要环节，对企业能否中标及中标后的盈利情况起决定性作用。要想得到一个合理的、具有竞争力的投标报价，需要企业收集大量的装饰工程资料和信息，装饰工程投标报价的主要依据有以下 5 点。

（1）招标文件，包括装饰工程综合说明和工期、质量、安全、保险、环保等方面的要求，以及对装饰工程及装饰材料的特殊要求等。

（2）装饰工程项目的施工图纸、采用的标准图集、有关厂家的技术资料、规定的装饰施工规范和质检标准。

（3）施工组织设计（或方案）及有关技术资料。

（4）当地现行的装饰工程预算定额或单位估价表、装饰工程各项取费标准。

（5）材料、机械设备预算价格、预算价差及市场价格信息，采用新材料、新工艺的补充预算价格。

二、装饰工程投标报价的基本原则

（1）报价要按国家有关规定并体现本企业的生产经营管理水平

报价一方面要按国家有关规定，如计算规则、取费标准进行，另一方面又要从本企业的实际情况出发，充分发挥本企业的优势和特点，所采用定额水平要能反映本企业的实际水平。定额水平的确定，一般是以当地的装饰工程预算及各项取费标准为依据，在进行报价时，应结合本企业的实际工效、实际材料消耗水平、机械设备效率及装饰工程的实际施工条件等加以调整，以综合反映企业的技术水平、管理水平。

（2）报价计算要主次分明、详细得当　影响装饰工程投标报价的因素很多，由于投标报价往往时间紧迫，装饰施工企业必须在平时注重资料的收集与整理，编制时抓住主要矛盾，只有这样才能做到有的放矢，提高报价计算速度和质量。报价计算的重点包括招标单位有特殊要求的分项工程、造价大的分项工程、质量不易控制的分项工程，对这些项目必须重点分析，努力满足招标文件的各项技术和质量要求，对次要因素、次要环节要尽量简化计算。

（3）报价要以施工方案的经济比较为基础　不同的施工方案会有不同的报价，因此施工企业应对不同的施工方案进行经济比较，再结合自身的实际情况，选择技术先进、经济合理、施工切实可行的施工方案。

三、装饰工程投标报价的计算程序

1. 熟悉招标文件

报价人员应认真熟悉和掌握招标文件的内容和精神，认真研究装饰工程的内容、特点、范围、工程量、工期、质量、责任及合同条款。

2. 调查施工现场、确定施工方案

调查装饰工程施工现场，了解现场施工条件、当地劳动力资源及材料资源，调查各种材料、设备价格，包括国内或进口的各种装饰材料的价格及质量，真正做到对工程实际情况和目前市场行情了如指掌，通过详细的现场调查资料，对施工方案进行技术经济比较，选择最优施工方案。

3. 复核或计算工程量

若招标文件已经给出实物工程量清单，在进行报价计算前应进行复核，发现问题应以书面形式提出质疑，以得到变更。如不能得到肯定答复，一般不能随意更改，可在标函中加以说明或在中标后签订合同时再加以纠正。

若招标文件没有给出实物工程量清单，则应根据给定的图纸，按照定额计算规则，计算出相应的工程量。

4. 计算分项工程单价

计算分项工程单价应以现行装饰工程预算定额或单位估价表为基础，再结合施工企业的施工技术和管理水平作出适当调整，一般主要是向下浮动，以提高报价的竞争力。

(1) 基础单价的计算 人工工资和机械台班单价，一般按现行装饰工程预算定额或单位估价表来计算。材料和设备按招标文件规定的供应方式分别确定预算价格。对施工企业自选采购的各种材料和设备，应按材料的来源、市场价格信息，并考虑价格变动因素综合分析，确定符合实际情况的预算价格。

(2) 确定人工、材料、机械消耗量 应以现行装饰工程预算定额或单位估价表规定的“三量”为基础，结合施工企业的实际，确定人工、材料、机械的消耗量。

(3) 计算分项工程单价 将基础单价乘以相应的消耗量，即得各分项工程单价，再把各分项工程单价汇编成表，即编制分项工程单价表，以备报价使用。

5. 计算基础报价

(1) 计算直接费 将分项工程量乘以相应的各分项工程单价，汇总后再加上其他直接费，即得到整个装饰工程的总的直接费。

(2) 计算综合费 在报价计算中，综合费的计算一般均按当地现行综合费取费标准计算，但为了使报价具有竞争力，应结合企业的实际管理水平，实际测算得出综合费。

(3) 施工措施费 施工措施费应按规定并根据企业实际情况及投标竞争形势合理确定。

(4) 税金 税金应按当地规定进行计算。

影响装饰工程报价的因素很多，应结合投标工程的特点，充分考虑一些不可预见费，如装饰级别提高、难度大而带来的风险费；材料品种的更新和发展而使材料费不断变化，应考虑材料的浮动费等。

将已计算出的直接费、综合费、施工措施费、税金和不可预见费等进行汇总，即可得到装饰工程的造价。对造价进一步分析和调整，使报价准确合理，并根据本企业的实际和竞争形势，确定出基础报价。

6. 报价决策

在投标实践中，基础报价不一定就是最终报价，还要进行工程成本、风险费、预期利润等多方面的分析，考虑实际和竞争形势，确定投标策略和报价技巧，由企业决策者作出报价决策。投标报价的策略和技巧，一般有以下7种。

(1) 免担风险增大报价　对于装饰情况复杂、技术难度较大或采用新材料、新工艺等没有把握的工程项目，可采取增大报价以减少风险，但此法的中标机会可能较小。

(2) 多方案报价　由于招标文件不明确或本身有多方案存在，投标企业可作多方案报价，最后与招标单位协商处理。

(3) 活口报价　在工程报价中留下一些活口，表面上看报价很低，但在投标报价中附加多项附注或说明，留在施工过程中处理（如工程变更、现场签证、工程量增加），其结果不是低价，而是高价。

(4) 薄利保本报价　由于招标条件优越，有类似工程施工经验，而且在企业任务不饱满的情况下，为了争取中标，可采取薄利保本报价的策略，以较低的报价水平报价。

(5) 亏损报价　亏损报价一般在以下特殊情况下采用：企业无施工任务，为减少亏损而争取中标；企业为了创牌子，采取先亏后赢的策略；企业实力雄厚，为了开辟某一地区的市场，采取以东补西的策略。

(6) 合理化建议　投标企业对设计方案中技术经济不尽合理处提出中肯建议，如“若作×××修改，则造价可降低××”，这样必然会引起招标单位的注意和好感。

(7) 服务报价　此报价策略与上述几种不同，它不改变报价，而是扩大服务范围，以取得招标单位的信任，争取中标。如扩大供料范围、提高质量等级、延长保修时间等。

四、装饰工程施工合同价的确定

1. 装饰工程施工合同的签订

装饰工程施工合同是发包方与承包方为完成商定的装饰工程，明确双方权利义务关系的协议。依照装饰工程施工合同，承包方应完成规定的装饰工程施工任务，发包方应提供必要的施工条件并支付工程价款。

《建筑法》、《合同法》、《建筑安装工程承包合同条例》等法律、法规是签订施工合同的法律依据。1996 年 11 月，国家工商行政管理局和建设部联合发布了《建筑装饰工程施工合同示范文本》（以下简称示范文本），我国的装饰工程施工合同一般按照该示范文本签订。

合同的订立必须经过一定的程序，不同的合同其订立的程序可能不同，但其中的要约和承诺是每一个合同都必须经过的程序。

（1）要约　指当事人一方向另一方提出订立合同的要求，设定合同的主要条款，并限定其在一定期限作出承诺的意思表示。要约具有以下特点。

① 要约人在要约的有效期限内受要约的约束，即要约是一种法律行为，不得随意撤回、变更和限制其要约。

② 要约人可向特定人发出，也可向非特定人发出，在要约的有效期内受要约人未明确答复拒绝要约前，要约人不得再向第三人发出要约或订立合同。

③ 要约到达受要约人时生效。

④ 超过要约有效期限，或要约虽未规定有效期限但显然已超过合同的时间范围，受要约人仍未承诺的，视要约无效。

（2）承诺　是指当事人一方对另一方发来的要约，在有效期限内作出完全同意要约条款的意思表示。有效承诺必须具备下列条件。

① 承诺必须由承诺者本人或其代理人作出。

② 承诺必须无条件同意要约中的全部内容。

③ 承诺必须在约定的有效期限内作出。

采用招标发包的装饰工程，《建筑装饰工程施工合同条件》应是招标书的组成部分，发包方对其修改、补充或不予采用的意见，要在招标书中说明。承包方对招标书的说明是否同意及本身对《建筑装饰工程施工合同条件》的修改、补充或不予采用的意见，要在投标书中一一列出。中标后，双方将协商一致的意见写入《建筑装饰工程施工协议条款》。不采用招标发包的装饰工程，在要约和承诺时，都要把对《建筑装饰工程施工合同条件》的修改、补充和不予采用的意见一一提出，将取得一致的意见写入《建筑装饰工程施工协议条款》。

承、发包双方协商一致后，在《建筑装饰工程施工协议条款》中签字盖章，合同即告成立。承办人员签订合同，应取得法定代表人的授权委托书。如果需要鉴证、公证或审批的，则在办理完鉴证、公证和审批后合同生效。

装饰工程施工合同一经依法订立，即具有法律效力，双方当事人应当按合同约定严格履行。

2. 建筑装饰工程施工合同价

建筑装饰工程施工合同价，是按有关规定和协议条款约定的各种取费标准计算的，用于支付施工企业按照合同要求完成装饰工程内容的价款总额。约定合同价主要有 2 种形式：一是通过甲、乙双方协商和有关单位审定；二是通过招投标，按中标价约定。

3. 建筑装饰工程施工合同价的类型

建设单位在发包之前，要根据发包项目准备工作的实际情况、设计工作的深度、工程项目的复杂程度来考虑合同的形式，按计价方式划分合同形式，一般分为总价合同、单价合同及成本加酬金合同 3 大类，在每一类中根据具体的计价特点和要求，又分为以下多种形式。

(1) 总价合同　对于各种总价合同，在投标时，投标者必须报出工程总价格。在合同执行过程中，对较小的单项工程，在完成后一次付款；对较大的单项工程既可按施工过程分阶段付款，也可按完成工程量的百分比付款。

总价合同可以使建设单位对装饰总开支做到心中有数，评标时易于确定报价最低的单位，在施工过程中可以更有效地控制施工进度的工程质量。而对承包商来说，总价合同具有一定的风险，如物价上涨、气候条件恶劣及其他意外的困难等。总价合同一般有以下 3 种。

① 固定总价合同。承包商的报价以准确的设计图纸及计算为基础，并考虑到一些费用的上涨因素，总价固定不变。只有在施工中图纸或工程质量要求有变更，或工期要求提前，总价才能变更。在这种合同形式下承包商承担全部风险，须为不可预见因素付出代价，因此一般报价较多，适用于工期较短（1 年以下）且要求十分明确的工程。施工图预算加包干系数的合同即属于总价合同类型。

② 调值总价合同。在报价及签订合同时，以招标文件的要求及当时的物价计算合同总价。但在合同中双方商定，如果在执行合同时出于通货膨胀引起成本增加达到某一限度时，合同总价做相应调整。

此种合同，建设单位承担通货膨胀的风险，承包商承担其他风险，一般适用于工期较长（1 年以上）的项目。

③ 固定工程量总价合同。建设单位要求投标者在投标时按单价合同办法分别填报分项工程单价，从而计算出装饰工程总价，据之签订合同。原定装饰工程项目全部完成后，根据合同总价付款给承包商。

如果改变设计或增加新项目，则用合同中已确定的单价来计算新的工程量价款并调整总价，这种方式适用于工程量变化不大的装饰项目。

（2）单价合同　当准备发包的装饰工程项目内容和设计不能十分确定，或工程量可能出入较大时，采用单价合同形式为宜。

单价合同的优点是可以减少招标准备工作，缩短招标准备时间，以鼓励承包商通过提高工效等措施从成本节约中提高利润。建设单位只按工程量表（工程量清单）的项目开支，可减少意外开支，只需对少量遗漏的项目在执行合同过程中再报价，结算程序简单。单价合同又分为以下 3 种形式。

① 估计工程量单价合同。建设单位在准备此类合同的招标文件时，委托咨询单位按分部分项工程列出估算的工程量，承包商投标时在工程量表中填入各项单价，据之计算出的合同总价作为投标报价，但在每月付款时，以实际完成的工程量结算，在工程全部完成后以竣工图最终结算出工程的总价格。

一般按施工图预算计价的合同即属于估计工程量单价合同类型。

② 纯单价合同。在设计单位还来不及提供施工详图，或虽有施工图但因某些原因不能准确地计算工程量时采用纯单价合同。

招标文件只向投标者给出装饰工程的工作项目一览表、工程范围及必要的说明，而不提供工程量，承包商只要给出表中各项目的单价即可，将来施工时按实际工程量计算，有时也可由建设单位一方在招标文件中列出单价，而投标一方提出修正意见，双方协商后确定最后的承包单价。

对于费用分摊在许多工程中的复杂工程，或有一些不易计算工程量的项目，采用纯单价合同容易引起一些麻烦与争执。

③ 单价与包干混合式合同。以估计工程量单位合同为基础，但对工程中某些不易计算工程量的分项工程采用包干办法，而对能用某种计量单位计算工程量的，均要求报单价，按实际完成工程量及合同上的单价支付工程款。

(3) 成本加酬金合同　成本加酬金合同，主要适用于以下 2 种情况：一是在工程内容及其技术经济指标尚未全面确定，投标报价的依据尚不充分的情况下，建设单位因工期要求紧迫，必须发包；二是建设单位与承包商之间有高度的信任，承包商在某些方面具有独特的技术、特长和经验。

以这种形式签订的施工合同有 2 个明显的缺点：一是建设单位对工程总价不能实施实际的控制；二是承包商对降低成本兴趣不大。因此，采用这种合同形式，其条款必须非常严格。

成本加酬金合同有以下 4 种形式。

① 成本加固定百分比酬金合同。根据这种合同，建设单位对承

包商支付的人工、材料和机械使用费、其他直接费、现场经费等按实际直接成本全部据实补偿，同时按照实际直接成本的固定百分比付给承包商一笔酬金，作为承包商的利润。

由于这种合同形式的工程造价及支付给承包商的酬金随工程成本而水涨船高，不利于鼓励承包商降低成本，因而很少被采用。

② 成本加固定酬金合同。此合同形式与成本加固定百分比酬金合同相似，不同之处仅在于实际成本之外所增加费用是一笔固定金额的酬金。酬金一般是按估算的工程成本的一定百分比确定，数额是固定不变的。

采用上述 2 种合同计价方式时，为了避免承包商企图获得更多的酬金而对工程成本不加控制，往往要在施工合同中规定一些“补充条款”，以鼓励承包商节约资金、降低成本。

③ 成本加奖金合同。采用此合同形式，首先要确定一个目标成本。这个目标成本是根据粗略估算的工程量和单价表编制出来的。在此基础上，根据目标成本来计算酬金的数额，可以是百分数的形式，也可是一笔固定酬金。当实际成本高于目标成本时，承包商仅能从建设单位得到成本和酬金的补偿。同时，视实际成本高出目标成本情况，若超过合同规定的限额，还要处以一笔罚金，除此之外，还可设工期奖罚。

这种合同形式可以促使承包商降低成本、缩短工期，而且目标成本随着设计的进展而加以调整，承、发包双方都不会承担太大的风险，所以这种合同形式有一定的应用。

④ 最高限额成本加固定最大酬金合同。采用这种合同形式，首先要确定限额成本、报价成本和最低成本。当实际成本没有超过最低成本时，承包商花费的成本费用及应得酬金等可得到建设单位的支付，并与建设单位分享节约额；如果实际成本在最低成本和报价之间，承包商可得到成本补偿和酬金；如果实际成本在报价和最高限额成本之间，则只有全部成本可以得到补偿；如果实际成本超过最高限额成本时，超过限额成本的部分建设单位不予支付。

五、标底造价的编制

1. 标底的概念

标底是装饰工程造价的表现形式之一，它是业主建设某项装饰工程的预期造价或期望计划价，在装饰工程施工招标的过程中必须编制标底。标底价格是由招标单位自行编制或委托经建设行政主管部门批准具有编制标底价格资格和能力的中介机构代理编制并经核准审定的发包价格。只有经过审定后的标底，才能保证标底的合理性、准确性、公证性。

（1）标底的合理性　是指用浮动价格投标，不论哪个施工企业中标，都可以取得合同的利润。

（2）标底的准确性　是指报价与标底之间的差异更接近于合同价格。

（3）标底的公正性　是指审定后的标底是按施工图预算加上各种应计费用而得出的造价，不多算不漏项。

2. 标底的作用

（1）标底是主管部门核实建设规模的依据　标底必须受概算控制，当标底突破概算时，建设单位应分析原因，如标底是正确的，属于概算所列投资计算有误，则应修正概算，报原审批机关调整。

（2）具备合理标底的意义　可使建设单位预先明确自己在拟建工程上应承担的财务义务。

（3）标底是衡量投标单位报价的准绳　有了标底，就能正确判断投标者所报价的合理性和可靠性。投标单位的报价与标底相比，如报价高于标底，就失去了投标单位的竞争力；报价过分低于标底，建设单位也有理由怀疑此价格的合理性。反之，报价与标底相比，虽然报价低于标底，但它是通过优化施工方案、节约管理费用、节约其他各项物质消耗实现的，则此报价是建立在可靠的基础上的，可以加以信任。

（4）标底是评标定标的重要尺度和选择中标单位的重要依据　选择合适的中标单位，要对所有投标单位的报价、工期、施工组织设计、企业信誉、资质条件的其他配合条件进行综合评价。造价虽不是唯一依据，但是一个重要的依据。如果没有标底，评标是盲目的；有了标底，评标定标才能作出正确抉择。它说明报价只能在标底一定范围内上下浮动，一个合理可靠的浮动标价是符合建设单位和施工单位利益的。

3. 标底的内容

招标工程的标底主要包括如下内容。

（1）标底编制总说明。

（2）标底编制汇总表。

（3）标底详细预算书。

（4）主要材料分析表及汇总表。

（5）工程量计算书或计算软件。

4. 标底编制的依据

（1）招标文件的商务条款。

（2）装饰工程施工图纸、施工说明及设计交底或答疑纪要。

（3）施工组织设计（或施工方案）及现场情况的有关资料。

（4）现行装饰预算定额和补充定额、工程量计算规则、现行取费标准、国家或地方有关价格调整文件规定、装饰工程造价信息等。

5. 标底价格编制的原则

（1）根据国家公布的统一装饰工程项目划分、统一计量单位、统一计算规则以及施工图纸、招标文件，并参照国家制定的基础定额和国家、行业、地方规定的技术标准规范，以及要素市场价格确定装饰工程量和编制标底价格。

（2）按装饰施工企业级别（等级）计价。

（3）标底价格应控制在批准的总概算（或修正概算）及投资包干的限额内。

（4）标底价格应考虑价格变化因素。

(5) 标底价格要考虑优质优价。

(6) 标底要考虑工期因素。

(7) 一个装饰工程只能编制一个标底价格。

6. 标底计价方法

根据我国现行的装饰工程造价计价方法，又考虑到与国际惯例接轨，所以在装饰工程量清单的单价上采用以下2种方法。

(1) 工料单价法　装饰工程量清单的单价，按照现行装饰预算定额的工、料、机消耗标准及预算价格确定，其他直接费、综合费、施工措施费、有关文件规定的调价、风险金、税金等费用计入其他相应标底价格计算表中，这实质上是按施工图预算为基础的标底编制方法。

(2) 综合单价法　装饰工程量清单的单价综合了直接费、综合费、装饰工程取费、有关文件规定的调价、材料价差、人工补差、税金、风险金等一切费用。

7. 标底的编制方法

(1) 编制方法。

① 以施工图预算为基础的标底。先编制施工图预算，加上材料价差和不可预见费用。

② 以设计概算为基础的标底。一般适用于扩大初步设计阶段或技术设计阶段方案招标的装饰工程。

③ 以扩大综合定额预算为基础的标底。扩大定额介于以上2种定额之间，并进行了“并费”，但只适用于一个装饰工程中采用统一的取费标准的情况。

(2) 编制标底时应考虑的因素。

① 标底必须适应目标工期的要求，对提前工期因素有所反映，以工期定额为标准，对提前工期天数给出赶工费和奖励。

② 必须适应招标方的质量要求，实行优质优价。

③ 必须考虑价差因素。

④ 必须正确处理综合费、施工措施费等取费标准，考虑不同隶

属关系、不同技术级别的施工企业同时投标竞争的因素。

⑤ 必须合理考虑本招标装饰工程的自然地理条件和招标装饰工程范围等因素。

复习思考题

1. 什么是招标、报标、开标、评标、中标?
2. 简述建筑装饰工程招标文件的内容。
3. 简述建议工程施工公开招标的程序。
4. 简述装饰工程投标报价的依据、原则、计算程序。
5. 简述标底的内容及编制方法。
6. 建筑装饰工程施工合同价的类型分几种?

参考文献

[1] 上海市建设工程定额管理总站. 上海市建筑和装饰工程预算定额. 上海: 上海科技普及出版社，2001.

[2] 刘锋，朱世海. 室内装饰工程预算. 上海: 上海科学技术出版社，2004.

[3] 卜龙章. 装饰工程定额与预算. 南京: 东南大学出版社，2001.